茶道

与日本文化的渊源与发展

▼

易洪艳 著

U0231585

国家一级出版社　　中国纺织出版社　全国百佳图书出版单位

图书在版编目（CIP）数据

茶道与日本文化的渊源与发展 / 易洪艳著. -- 北京：
中国纺织出版社，2019.4 （2022.1重印）
ISBN 978-7-5180-4692-8

Ⅰ.①茶… Ⅱ.①易… Ⅲ.①茶文化－研究－日本
Ⅳ.①TS971.21

中国版本图书馆CIP数据核字(2018)第023739号

策划编辑: 范晓雅   **责任编辑:** 范晓雅
责任设计: 梁雅玲   **责任印制:** 储志伟

中国纺织出版社出版发行
地　　址：北京市朝阳区百子湾东里 A407 号楼　　邮政编码：100124
销售电话：010-67004422　　　　　　　　　　　　传　　真：010-87155801
http://www.c-textilep.com
E-mail:faxing@c-textilep.com
中国纺织出版社天猫旗舰店
官方微博 http://weibo.com/2119887771
北京虎彩文化传播有限公司印刷　　各地新华书店经销
2019 年 4 月第 1 版　　2022 年 1 月第 9 次印刷
开　　本：710mm×1000mm　　1/16　　　　印　　张：14
字　　数：190 千字　　　　　　　　　　　　定　　价：63.00 元

前　言

茶道，即品茶、赏茶之道。茶道是一种烹茶、饮茶的生活艺术；一种以茶为媒的生活礼仪；一种以茶修身的生活方式。苏子诗云："从来佳茗似佳人，不可一日无此君。"喝茶能静心、定神、陶冶情操、去除杂念。通过沏茶、赏茶、闻茶、饮茶等流程，可以增进友谊、学习礼法、修身养性、领略传统美德，由此可见，茶道是一种和美的仪式，因此，茶道也被视为道家清静无为的化身。茶道起源于中国，隋唐时期传入日本，后来又传入西方。

日本茶道是一种仪式化的、为客人奉茶的礼仪，和其他东亚国家的茶道仪式一样，都是一种以品茶为主而发展起来的特殊文化，但内容和形式有所不同。日本茶道是在"日常茶饭事"的基础上发展起来的，它将日常生活行为与宗教、哲学、伦理和美学熔为一炉，形成一门综合性很强的文化艺术活动。经过一千多年岁月的沉淀，日本茶道已经成为一种精致的文化，它不仅仅是物质享受，更是审美享受和精神享受。现在的日本茶道主要分为抹茶道和煎茶道两种，但在日本，茶道一词所指的仍然是较早发展起来的抹茶道。

日本文化有很强的包容性，热衷于向他人学习，日本茶道就是日本文化包容性强的一个有力见证。日本文化的另外两个显著特征是"和"与"敬"，这两个特征在日本茶道中也表现得淋漓尽致。因此，茶道传入日本后，与日本本土文化相互融合，共同生长，形成了和敬清寂、禅茶一味的日本茶道文化。

本书主要对茶道与日本文化的渊源和发展进行了研究。首先，阐述了日本茶道之美和茶文化对日本茶道的影响，如日本的茶道用具、茶道礼仪、茶道美学以及中国茶文化对日本茶道的影响等；其次，本书对中国茶道文化和日本茶道文化作了详细介绍，阐释了中国茶道的历史、发展、精神和日本茶道的内涵、精神、传承以及日本茶道的类型和四季茶事文化的内涵；最后，研究了日本文化的特征和茶道与日本文化的关系，细致地描述了日本文化的渊源、发展和特征以及日本茶道对日本文化的影响。此外，还对茶道与日本文化的特性、茶道与日本建筑文化、茶道与日本审美、茶道与日本花道文化等内容进行了深入的分析。

在著书过程中，笔者查阅了大量资料文献，在此特对文献资料作者表示由衷的感谢。

由于笔者时间和精力有限，书中难免会有不妥之处，敬请各位同行和广大读者予以批评指正。

易洪艳

2018 年 12 月

目 录

第一章　日本茶道之美

第一节　日本茶道概述

一、茶道的内涵

"道"是中国哲学的最高范畴，一般指宇宙法则、终极真理、事物运动的总体规律，万物的本质或本源。老子《道德经》第四十二章中说："道生一，一生二，二生三，三生万物。""道"是本源、是起点、是终点、是过程、是规则，万事万物皆有其道；"道"是无、是虚空、是无为、是戒律，从戒律开始，到定、到慧、到志、到气、到力、到恒，最后回归"道"。"道"无为而无不为；"道"是客观的，是普遍而永恒存在的。"道"是一种精神，而"茶"则是这种精神的载体，二者结合在一起，称为"茶道"。

二、日本茶道

所谓日本茶道，是对日本茶人所尊崇的茶汤道礼仪的略称，也称为数寄（数奇）道。所谓茶汤，是将精制的茶叶用茶臼碾成粉末（这种精制的粉末茶就是抹茶），将这种粉末放入茶碗里，然后注入热汤（热水），再用茶筅搅拌的一种饮茶游艺。茶道是有关沏茶及饮茶的礼仪，通过程式化的形式，修身养性，增进情谊，研习礼法。

传说日本的饮茶风尚始于一千二百多年以前的奈良时代，由中国唐代的鉴真和尚（688～763年）及日本的留学僧最澄法师（767～822年）带入日本，并很快流行于日本上层社会。《日吉社神道秘密韶》载有："传教大师入唐之时，将来茶子，云云。传教，桓武天皇延历廿三年（804年），随遣唐使渡唐，延历廿四年归朝。归而传天台之法，献经论佛像。"最澄谥号传教大师，近江滋贺人。建设草堂于比睿山，后称延历寺。日本平安时代初期（804年），与空海一同入唐。最澄归国后，创立了天台宗。弘仁六年（815年）四月，于梵释寺进奉煎茶于嵯峨天皇。同年六月，近江、丹波、播磨等地方也相继种了茶叶。延喜二年（902年），醍醐天皇朝觐行幸仁和寺时，曾经奉御茶两盏。后白川法皇于安元二年（1176年）五十御贺时，也曾经有过献茶的记录。建保二年（1214年）二月廿四日，建仁寺和尚荣西禅师向幕府将军献上了被称为良药的"抹茶"。

日本民间的茶会是从镰仓时代末期开始的，茶会所使用的抹茶是镰仓时代初期的日本僧人荣西禅师从中国带来的，荣西禅师向日本传播了禅宗的临济宗。荣西曾经两度出访中国的宋朝，在他第二次访问中国回国时，带回了抹茶。荣西弟子明惠上人以及日本曹洞宗鼻祖道元禅师，又进一步将抹茶向日本其他佛教寺院传播普及。

松平定信以朱子学意识形态为文化政策之准绳，强调所谓茶汤之道，即在茶道的实践过程中，寻求人的道德性质的生存方式。同时，也强调茶道的大意在于五常五伦之道。这表明松平定信的茶道观，就是作为人也可以在茶道当中进行正确生存方式的实践。在松平定信的茶道观念中，他主张茶道不要抵触人，而要尽心尽力招待人，专心于使客人高兴；要尊老爱幼，为人谦逊，忠主孝亲；要不话人短，不言自长。强调作为人应该遵守道德规范——五常五伦之道。五常就是仁、义、礼、智、信；五伦就是君臣之义、父子之亲、夫妇之别、长幼之序、朋友之信。松平定信在其《茶事规则》中，开篇就主张：忘薄交卑，尽心尽力，敬人之事，精益求精，主客之间，严而不疏，亲而不熟；古雅风流，简易质素，乃茶之道。

寺院的僧侣将抹茶与花、香一起供奉于佛前，然后把撤下来的茶汤施舍给大众。这就是"茶汤"的开始，它充分体现了佛教以慈悲为怀的精神。后来，民间也开始模仿寺院僧侣施舍茶汤的做法，社会上展开饮茶汤活动。因此，从一开始，茶汤就具有一种宗教性色彩。由于茶汤活动趣味风雅，日本的上流社会也开始喜欢上茶汤活动。镰仓时代初期，抹茶由中国传入日本。在此之前，日本人曾经使用过砖茶。最初，日本的僧侣把茶叶作为能够消灾延命的灵丹妙药来推广普及。但是到了镰仓时代末期，从当时的宋朝传来了斗茶——一种竞猜茶的品质和水的好坏的饮茶活动，一直到室町时代中期，开始以武家社会为中心流行起来。斗茶也就逐渐日本化，后来才真正成为可以被称为茶渴（茶道）的风流游艺活动。

室町时代中期以后，在以武家社会为中心的上流社会，制定了较为庄严的茶汤礼法，但这只不过是外表上的庄严，举行茶事的人们的心理感受还是十分肤浅的。担任当时第八代将军足利義政的茶汤师范珠光和尚，极力主张茶汤之道在于主人与客人之间相互谦恭礼让的精神。珠光彻底地改造了茶室的构造、茶器的选择、茶事的方法等。其后，经过京都的藤田宗理、撰市的岛居引拙、武野绍鸥等茶师的努力，到了武野绍鸥的弟子——一代茶道宗师千利休时期，茶道的所有改革已经完毕。千利休特别规定了草庵闲寂茶的方式，茶花、怀石料理的法则以及作为茶人的资格。这些成就使千利休成为日本茶道史上最具权威的集大成者。千利休所开创的千家流茶道，对武家流茶仪繁杂礼法进行了改良，并充分发挥了工商业阶层茶汤的本来面目，且以闲寂为主旨，注重"和敬清寂"这一根本理念。

三、日本茶道的历史发展

（一）日本茶道的起源

被后世尊为"茶圣"的陆羽所著的《茶经》，是公认的最早的具有最高水平的茶文化经典著作。荣西禅师的《吃茶养生记》则是日本最早的一部茶书。该书记载，日本的茶叶种子，种茶、制茶、煮茶、饮茶的方法以及茶器、道具等皆源于中国。

日本茶道起源于中国的禅僧，由日本的禅僧将中国的茶种带回日本播种，并传播中国的茶种、饮茶之道，逐渐发展而形成。

镰仓时代（1185～1333年），日本高僧南浦昭明禅师来到我国浙江省余杭区天目山的径山寺求学取经。他在学习了该寺院的茶宴仪程后，首次将中国的茶道引进日本，成为中国茶道在日本的最早传播者。日本的《类聚名物考》对此有明确记载："茶道之起，在正元中筑前崇福寺开山南浦昭明由宋传人。"日本的《本朝高僧传》也有"南浦昭明由宋归国，把茶台子、茶道具一式带到崇福寺"的记述。

由此可见，中国茶文化是日本茶道的源头，而且中国文人、僧侣于饮茶时所形成的"他界观念"以及文人、僧侣们对幽寂、高远情趣的体味和追求，都是日本茶道形成的基础。中国古代的佛教、道教和儒家思想，尤其是禅宗思想，均对日本茶道精神内涵的形成产生了深刻影响。

（二）日本茶道的形成

1. 日本种茶、品茶之风的形成

平安时代（794～1184年），日本高僧永忠、最澄、空海，先后将中国茶种带回日本进行播种，并创建了正式的茶园。此时，日本将茶看作是药物，饮茶方法基本上是学习和传授中国的茶礼和茶俗，尚未出现现今的抹茶饮法。到了镰仓时代（1185～1333年），日本兴起品茶之风，代表人物就是曾经留学中国的禅师荣西。建久二年（1191年），荣西亲自种茶，还把茶种送给京都高僧明惠上人。荣西还研究陆羽的《茶经》，写出日本第一部饮茶专著《吃茶养生记》，为日本茶文化的诞生开辟了先河。日本茶道中的抹茶也是从镰仓时代开始的。到了室町时代（1392～1573年），茶树的栽种在日本已普及起来。这一时期，出现了村田珠光、武野绍鸥、千利休三大茶师，他们对茶道的完善和发展起到了决定性的作用。

2. 日本茶道的形成

村田珠光（1425～1502年），被称为"茶道的开山鼻祖"，他将禅宗思想引入茶事，形成了独特的"草庵茶风"。村田珠光把饮茶从一种娱乐形式升华为一种艺术、哲学和宗教，完成了茶与禅、民间茶与贵族茶的结合，为日本茶文化注入了新的内涵，完善了茶道的形式，从而将日本茶文化真正上升到"道"的层面，奠定了"侘茶"的基础。被后人称为"茶道的中兴之祖"的武野绍鸥（1502～1555年），将日本和歌中表现日本民族特有的素淡、纯净和典雅的思想融入茶道，并对珠光茶道进行了有益的补充和完善，为日本茶道进一步规范化和民族化作出了贡献。千利休（1522～1591年）先跟北向道陈学习茶道，19岁时又拜武野绍鸥为师，他在继承村田珠光、武野绍鸥茶道的基础上，把茶道推向了更高的境界，使茶道摆脱了物质因素的束缚，还原其淡泊、寻常的本来面目。他还在茶事中增添了传统的"怀石料理"的审美意识，使人们在进行茶事的同时，充分享受美的情趣。他的最大贡献就是把茶道从上层社会普及给平民百姓，并把茶道的精神归纳为和、敬、清、寂，丰富了茶道的精神内涵，开创了日本茶道独特的思想体系和超凡的形式，使日本茶道在东方独树一帜，因而取得了"茶圣"的地位。

到了15世纪末，日本茶道完全脱离宗教形式，成为独立的礼法，至此，日本形成了正式的茶道。

江户时代（1603～1867年），千利休的子孙和其弟子们继承了他的茶道，建立了"家元制度"和"三千家流"茶道体系。这一时期是日本茶道的辉煌时期，形成了具有日本民族特色的抹茶道、煎茶道。明治维新以后，日本茶道发生了深刻的变化，突出表现为其文化内涵的加深、时代感的增强以及形式上的更具民族特征等，这为日本现代茶道的形成打下了良好的基础。

日本茶道的开山鼻祖村田珠光、茶道的中兴之祖武野绍鸥都是通过拜禅师学禅，将禅宗的哲学内涵与茶道所追求的精神境界结合起来，一步步将日本茶道发扬光大的。禅宗无疑是影响日本茶道精神内涵形成的最重要因素。日本茶道的发展、演变过程，可以概括为三种类型：追求理想境界的幻想型、重视实物性能的养生型和升华为宗教审美意境的理念型。后者是前两者的综合，把对茶的世界观念性幻想和对茶的具体实物性认识综合起来，乃是日本茶道之本义所在。从文化交流发展的角度来看，这是一个从一味仿效中国，到逐渐消化外来文化，再到创造有日本特色的茶文化过程。日本茶道虽然源于中国，但又绝非中国茶文化的简单移植或翻版。日本的禅僧把中国的茶文化传到日本后，又在日本特殊的社会环境和文化氛围中进行再创造，把点茶、饮茶的活动升华为茶道，形成一种综合的文化体系，具有鲜明的民族特色和风格，这对日本人的世俗生活和精神生活产生了广泛而深远的影响。

第二节　日本茶道用具

一、等候室与茶室茶道用具

等候室用茶道具包括壁龛处悬挂的轴字、轴画，烟具，茶碗。茶室用茶道具包括装饰壁龛的用具挂轴与花瓶。

（一）挂轴

在等候室与茶室的壁龛处都悬挂着挂轴。一般等候室的挂轴选择比茶室稍淡雅一些的字画，主要为茶客、俳句诗人的作品或者淡彩画。茶室中的挂轴是所有茶道具中最重要的，每个部分都有各自不同的名称，主客都靠它领悟茶道三昧之境。

挂轴根据文字部分的多少可以分为真、行、草三个等级。真级文字部分为一周，规格最高；行级文字部分为上下两条，用得最广泛；草级无文字部分。

挂轴有很多种类，主要有墨迹、一行物、古笔断简、画赞、绘画、短册等。

（二）墨迹

通常指毛笔字，在茶道中指禅宗高僧所写的字，具体地讲是由中国高僧或江户时代初期以前日本高僧所写的字。由于禅宗高僧的墨迹遗留下来的不多，所以这类挂轴在茶道用挂轴中是最受重视的。

（三）一行物

禅语挂轴有写成一行的，也有写成数行的。其中写成一行的称为"一行物"，在茶室用挂轴中是最为常见的。一行物根据裱后形状，有"横书"和"竖书"之分，裱后本纸部分为横的称为"横书"，为竖的称为"竖书"，一般"竖书"较为常见。一行物的内容多为大德寺禅僧所书禅语，此外也有茶道历代宗师以及一般茶人所书禅语。

（四）古笔断简

古笔断简指将古代名人书写的《万叶集》《古今集》等和歌集裁断、装裱而成的挂轴，日语中称为"古笔切"。

（五）信函

装裱与茶道关系弥深的名人、大茶人的书信而成的挂轴，日语中称为"消息"。

（六）画赞

指在画的旁边题上诗歌或感慨语句等的挂轴。这些诗歌和感慨语句称为"赞"。绘画和写赞可以同为一人，也可以由不同的人完成，如果是同为一人的情况，就称为"自画赞"。

（七）绘画

指以禅境为主题，色彩淡雅的水墨画。常用在等候室的壁龛处。

（八）短册

用于书写和歌与俳句，长约 37 厘米，宽 6 厘米，非常灵巧，适于在茶会上使用。

（九）烟具

包括烟灰筒、引火罐以及用来装此类物品的烟盒。一般室内等候室、茶庭小茅棚以及茶室中都备有烟盒，但茶室中的烟盒一般要到吃完怀石料理点完浓茶后才拿出，这是因为添炭技法表演时，要在炉内添香，如果在那时吸烟会打乱整个室内的香味。

考虑到其他不吸烟客人的情况，特别是现在女性频繁出席茶事的实情，当今的茶事过程中，客人一般都不在茶室内吸烟，茶室中摆设的烟具已成为人们的艺术欣赏对象。

（十）花瓶

在茶室中，插花用的花瓶不可缺少。茶道用花瓶根据用途的不同可以分为摆置花瓶、挂花瓶、吊花瓶。也可以根据制作材料的不同分为真、行、草三个级别。

1. 摆置花瓶

茶道用花瓶中种类最多的花瓶。先要在壁龛处放上一块薄板，然后再将摆置花瓶放在其上。根据花瓶的制作材料不同，所使用的薄板也有所不同。这一类花瓶多为金属花瓶、陶花瓶和瓷花瓶，根据形状的不同分别有不同的名称，如砧、下芜、中芜、经筒、角木、把绵、鹤首、曾吕利、桃底、薄端、旅枕、耳付等。

2. 挂花瓶

一般挂在壁龛的天花板、墙上或柱子的钉子上，不能过重，所以竹制花瓶和藤制花瓶用得较多。在茶事过程中，初座时，在壁龛中挂挂轴，到了后座，要将挂轴撤去，在壁龛正面挂上挂花瓶，插上花。

3. 吊花瓶

吊花瓶都带有吊带，吊在天花板的钉子上，插上花，用作装饰。以竹制花瓶、陶花瓶、瓷花瓶为主，也有金属花瓶，往往做成船或月亮的形状，别有一番风情。

4. 真级花瓶

最高档的一类，其种类有古铜花瓶、唐铜花瓶、合金花瓶、青瓷花瓶、白瓷花瓶等。

5. 行级花瓶

行级花瓶包括瓷器的吊花瓶、上釉陶花瓶。日本出产上釉陶花瓶的陶窑有很多，其中比较有名的有濑户窑、丹波窑、高取窑等。

6. 草级花瓶

草级花瓶包括未上釉的陶花瓶、竹花瓶、藤花瓶、木花瓶等。制造未上釉陶花瓶比较有名的是备前窑、伊贺窑、信乐窑等，它们的特点是由原胚自由发展，该成什么样就成什么样，不特意加工。竹花瓶完全是日本茶人的独创，更直接地表现了日本茶道尊重自然本来状态的风格。据说竹花瓶的初创人是千利休。

（十一）茶道用花

与日本插花艺术不同，茶道用花更崇尚花木的本来面目。花材非常丰富，要求选用时令花木。每次举行茶事时，主人都要精心挑选与季节及茶事主题相符的花材和花瓶，为整个茶事增色。

二、添炭茶道用具

添炭用茶道具包括茶室用炉、炭斗、羽帚、火箸、香与香盒、灰器、灰匙、炉灰、釜环、釜垫。

（一）茶室用炉

茶室用炉有地炉和风炉两种，地炉在十一月到四月之间使用，风炉在五月到十月之间使用。

1. 地炉

起源于日本农家屋内用于取暖、烧水、烧饭的地炉。通常茶室地炉为四方形，边长为一尺六寸（约42.4厘米），在隆冬二月时也有使用边长为一尺八寸（约54.5厘米）的地炉，称为"大地炉"。茶室地炉不是固定的，而是制成了分离式，由一个木箱和一个炉缘组成。地炉的外表是一个木箱，炉坛是细砂土抹成的，必须在每年开炉前抹一次。装地炉时，先将地炉木箱放入，然后在上面放上炉缘。

2. 炉缘

地炉中最重要的部分，它既能防止炭火的热量直接传送到榻榻米上，同时又起了装饰地炉的作用。普通地炉使用的炉缘可以分为两类，一类是原木炉缘，一类是漆炉缘，其中漆炉缘又可以分为黑漆炉缘和彩漆炉缘。一般小于四张半榻榻米的茶室用的是原木炉缘，四张半榻榻米的茶室用的是黑漆炉缘，大于四张半榻榻米的茶室用的是彩漆炉缘。最高档的原木炉缘是使用寺院古木制成的。

3. 风炉

陆羽在《茶经》中设计了适于烹茶、品饮的二十四器，二十四器中的第一器就是风炉。风炉在室町时代传入日本，此后一直到千利休完成草庵茶室开始使用地炉为止，风炉是唯一的茶室用炉，全年使用。当时使用的风炉多为"切挂风炉"，唐铜制或铁制，较为封闭，与茶釜非常吻合，不直接散热。

现在茶室风炉种类有很多，根据形状分类，可以分为眉风炉、面取风炉、琉球风炉、切挂风炉、道安风炉、朝鲜风炉等。根据材料分类，可以分为唐铜制风炉、铁制风炉、陶瓷制风炉、土制风炉、木制风炉等。根据级别分类，可以分为真、行、草三个级别，带有前额的土制风炉为真级，没有前额的土制风炉及铜风炉为行级，铁制、陶瓷制、木制风炉均属草级风炉。

4. 灰器

用于盛炉灰的器具。

5. 灰匙

用来舀炉灰的器具。添炭技法表演时，要往炉中撒灰，一共要撒五下，方位的先后有一定的规定，拿灰匙也有一定的手法。

6. 炉灰

在添炭技法表演开始前，风炉和地炉中首先要垫上底灰，并烧好引火的炭。添炭前，还要往炉中撒潮湿的灰，用潮湿的灰压住干燥的灰，以免在添炭时炉灰飞扬，从而保持茶室内的清洁。风炉和地炉中的底灰不是随意摆放，而是有一定形状的。风炉、地炉、茶釜的级别不同，底灰摆放的形状亦有所不同。炉灰的灰型可以分为真、行、草三个级别。

（二）炭斗

指装炭的容器，形状有圆的、方的、多角形的，其中大多为竹编炭斗。炭斗内部贴有一种保护纸，涂有黑漆，茶事完毕要擦拭干净。

（三）羽帚

一种清扫工具，用白鹤、天鹅等珍禽的羽毛做成。每次添炭技法表演要进行三次清扫，使炉缘始终保持干净。

（四）火箸

添炭时，用来夹炭的筷子。用于风炉添炭的火箸与用于地炉添炭的火箸稍有不同，风炉用火箸全部都是铁做的，而地炉用火箸下半部分是铁，上半部分是木。

（五）香

在茶事的添炭技法表演中，要在炉内加入香，据说此习惯来源于佛教。在茶室中焚香，其目的是清洁茶室与人们的身心，净化茶室的空气，消除炭臭味。风炉用的香与地炉用的香其种类是不同的，风炉使用的是将自檀、伽罗等香木切成小片的"木香"，而地炉使用的是由香木、麝香等多种香粉调合成的"练香"。

香盒。茶事中装香的器具。香盒根据材料的不同可以分为木质香盒、陶瓷香盒、贝类香盒、金属香盒以及象牙香盒等。风炉用的木香较为干燥，一般用木制香盒。地炉用的练香较湿，一般用陶瓷香盒。贝类香盒、金属香盒以及象牙香盒极为罕见。在一些客人较多，不进行添炭技法表演的大茶会中，主人要将香盒放在壁龛处，供客人欣赏。

（六）釜环

用于移动茶釜的器具。釜环一般为圆形，不封口，使用时将其套在釜耳上，可以提起茶釜。因为装了水的茶釜分量较重，所以釜环一定要结实，一般用铁制作。

（七）釜垫

用于垫茶釜的器具。在进行添炭技法表演时，要将茶釜从炉上取下放在榻榻米上，这时需要用釜垫。釜垫有藤编釜垫和纸釜垫两种，纸釜垫用于初炭表演，藤编釜垫则用于后炭表演。

三、点茶茶道用具

点茶用茶道具是所有茶道具中最为重要的部分，主要包括：茶釜、釜盖承、浓茶罐、浓茶罐袋子、薄茶盒、清水罐、污水罐、水勺、茶刷、茶勺、茶巾、绢巾、茶碗、茶具架。

（一）茶釜

茶道的核心道具，在每次茶事中都是必不可少的。日本国产茶釜一般为铁制，其种类有很多。根据产地的不同有芦屋釜、天明釜、京釜等。根据年代的不同，可以分为大名屋釜、中兴名物釜、今日名釜三类。除了按产地划分外，茶釜还可以按形状划分为三十多种。一般地炉用茶釜较大，风炉用茶釜较小。

釜盖承。用于放置茶釜盖以及水勺的器具。根据材料的不同可以分为竹釜盖承、铜釜盖承和陶瓷釜盖承。主人要根据时期以及点茶的类别不同，分别选择相应的釜盖承。一般竹釜盖承用于比较简单的点茶，而铜釜盖承和陶瓷釜盖承则用于比较复杂的点茶。

（二）茶罐

1. 浓茶罐

用来装浓茶茶粉的陶瓷器具，其形状较小，便于携带，是茶道具中的精华，最受重视。浓茶罐最早在平安时代从中国传入，称为"唐物"，后来由日本各地陶工烧制的称为"和物"。

根据形状可以分为肩冲浓茶罐、茄子浓茶罐、文琳浓茶罐、丸壶浓茶罐、鹤首浓茶罐、瓢箪浓茶罐、大海浓茶罐、尾张浓茶罐等。

2. 浓茶罐袋子

因为浓茶罐在所有茶道具中是最受重视的，所以要装在袋子中加以保护。浓茶罐袋子要用丝绸制作，里外两层，中间加一层棉，外表要求用各种有名的丝绸面料。一个有名的浓茶罐往往有多个浓茶罐袋子，分别由有名的裁缝师缝制而成。

3. 薄茶盒

用来装薄茶茶粉的器具，因为其形状像枣子，所以又称为"枣"。薄茶盒一般用木制作，也有极少数用竹子、陶瓷、象牙等制作。以漆器为主，正统颜色为黑色，其次为朱色,有的画上了泥金画。根据大小可以分为"大枣""中枣"和"小枣"。

（三）水罐

1. 清水罐

点茶技法表演中，茶釜中的水过热时，要在茶釜中添些清水，最后还要用清水来清洗茶碗、茶刷，清水罐就是用来装清水的器具。按制造材料的不同可以分为金属制、陶瓷制和木制三种。

2. 污水罐

在点茶技法表演中，要用热水温茶碗，还要用清水洗茶碗，会产生污水，污水罐就是用来盛污水的器具。根据制作材料的不同，可以分为备前、信乐、丹波等窑烧制的陶瓷污水罐、弯曲杉木板所做成的木污水罐以及唐铜等金属污水罐。污水罐有多种形状，形状像渔民装鱼饵的筐的称为"鱼饵筐"，形状像葫芦的称为"瓢箪"，此外还有"枪之鞘""胁差""大胁差"等。

3. 水勺

用来舀热水和清水的器具，用竹子去油加工而成，由柄部和勺部组成。根据用途的不同，大小和形状略有不同。勺部的形状有两种，一种为柄穿入勺内，是级别较高的水勺；另一种的柄不穿入勺内，是级别较低的水勺。

点茶技法表演中使用水勺时，要用右手拿起水勺，用左手扶住，使勺部正对自己，此姿势就像要用勺部当镜子来照自己的脸，称为"镜水勺"。

（四）茶刷

用于点茶的器具，竹制消耗品。在茶碗中舀入茶粉，注入热水，然后要用茶刷进行搅拌。茶刷的原材料有白竹、紫竹、黑竹等，根据流派的不同，所使用的原材料也不同。

（五）茶勺

将茶粉从薄茶盒和浓茶罐中舀出，再舀入茶碗的器具，材料以竹子为主。茶勺可以分为真、行、草三个等级，象牙制和竹制中无竹节的是真级，竹节在勺柄尾部的是行级，竹节在中央的是草级。不同的点茶表演，使用的茶勺不同，使用方法也有差异。茶勺都有配套的竹筒用来装放，竹筒上写明茶勺的名字和作者名。

（六）茶巾

用来擦茶碗的白麻布。一般长约 30 厘米，宽约 15 厘米，颜色一般为白色，也有极少数浅黄色、浅驼色茶巾。

（七）绢巾

用来擦拭薄茶盒、茶勺等茶道具的彩色方巾。一般长为 28 厘米，宽为 26.4 厘米。颜色有紫色、红色、茶色等，因人而异。男子多使用紫色绢巾，女子多使用红色绢巾，而年纪大的多使用茶色绢巾。

（八）茶碗

茶碗是茶道具中用得最频繁、种类最多、价格最高、最为考究的器具。茶碗的种类非常多，按产地的不同可以大致分为中国茶碗、朝鲜茶碗和日本国产茶碗三种。中国茶碗称为"唐物"，朝鲜茶碗称为"高丽茶碗"，日本国产茶碗称为"和物"。茶碗按照形状的不同主要可以分为：天目形茶碗、井户形茶碗、熊形茶碗、梳形茶碗、杉形茶碗、平茶碗、三角茶碗、四方茶碗、沓茶碗、筒茶碗、半筒茶碗、胴缔茶碗、马盥茶碗、马上杯茶碗、唐人笛茶碗。

1. 天目茶碗

格调最高的茶碗，一般配有托台，称为"天目台"。天目茶碗传自中国，在茶道茶碗之中是历史最为悠久的。在当今日本茶道中，只有在为贵客点茶时才使用天目茶碗和天目台，而且使用时必定采用称为"台天目"的点茶技法表演。天目茶碗的特点之一是要上铁质的黑色釉药，釉上得较厚，有黑褐色、蓝紫色、蓝色等。另一特点是其形状为牵牛花形，碗口凹进一圈，碗座较小，摆放时不是很安稳，所以一般都要与"天目台"搭配使用。天目茶碗根据烧制方法和结果可以分为曜变天目、油滴天目、禾目天目、灰被天目、玳皮盏天目等。

2. 井户形茶碗

15～16 世纪从朝鲜半岛传入的茶碗，是高丽茶碗中最具代表性的。其形状为牵牛花形，碗口较大，通体枇杷色，底座及其附近的釉有剥落，其他地方也有龟裂和一些小石粒、黑斑点。

3. 熊川形茶碗

高丽茶碗的一种，从韩国釜山附近的熊川港进口，碗口略微外翻，其曲线与人的手掌刚好吻合。

（九）台子

台子最早在中国禅院中是用来摆放佛具的。室町时代后期茶道逐渐形成，书院茶中开始使用台子来摆放风炉、清水罐、污水罐、水勺等茶道具。台子有上下两层，四根柱子，上层摆放浓茶罐、薄茶盒等，下层摆设清水罐、污水罐、水勺、风炉、茶釜等。分为涂漆和不涂漆两种，柱子有木制、竹制等。台子用于格调最高的点茶表演。

（十）棚

根据大小可以分为大棚和小棚两种，大棚的尺寸接近于一个榻榻米，小棚的尺寸大约等于大棚的一半。棚板有圆形的，也有四角形的。棚的种类总共有六十种左右，就柱子的数量来说，分为两根、三根、四根三种，就层数来说，分为一层、两层、三层三种，使用不同的棚时，点茶技法也略有不同。主人要根据季节和茶室大小选择相应的棚。

1. 圆桌

棚的一种。由天板和地板上下两块圆板组成，两根柱子。圆桌分为千利休所喜好的和千宗旦所喜好的两种类型，略有差异，但总的风格古朴、简洁。点茶技法表演刚开始时，在天板上摆放薄茶盒，点茶技法表演完毕，将水勺倒扣在天板上，与薄茶盒、盖承放在一起。

2. 五行棚

棚的一种。天板和地板用杉木制作，三根柱子为竹制。其地板上要放置土风炉，这样棚板的"木"，炉炭的"火"，土风炉的"土"，茶釜的"金"，茶釜中的"水"，就构成了五行，这是此棚称为五行棚的原因。

3. 更好棚

棚的一种。由天板、中棚、地板三块长形板组成的三层茶具架，四根柱子，用于最基本的棚物点茶。

四、怀石料理与茶庭茶道用具

（一）怀石料理茶道用具

茶事中怀石料理的主要内容有三菜一汤以及小菜、米饭和酒类，不同的菜肴要选择与各自协调的器具来盛。一般怀石料理用茶道具主要为黑色漆器，要求风格文雅，手感柔软。怀石料理用茶道具主要有：食案（托盘）、饭碗、酱汤碗、炖菜碗、清汤碗、饭器和饭勺、锅巴汤壶和汤勺、招待圆盘、招待长盘、凉菜碟、酒壶、酒杯、杯台、烤鱼盘、酒菜盘、劝菜钵、咸菜钵（腌菜钵）、中节箸、两尖箸、尾节箸及饭箸。

（二）茶庭茶道用具

茶庭用到的茶道具主要包括：草鞋、木屐、斗笠、圆坐垫，水桶、水勺。每次参加茶事，客人们都要在等候室内换上新白袜，步入茶庭后，要换上草鞋，草鞋的尺寸不分男女老少。碰到下雨天的话，为了使脚不被沾湿，要换上木屐，还要拿着斗笠挡雨。穿着木屐行走在茶庭的飞石上时，一定要静静地走，小心不要发出大的声响，以免影响肃静的气氛。圆坐垫用稻草编成，不加任何修饰，放在茶庭小茅棚中供客人等候时使用。水桶用原木做成，做工精细，是主人要向石水盆中加水时用来提水的器具。水勺与水桶一样用原木做成，做工精细，放在石水盆处，供客人漱口、洗手从而达到净身净心的目的。

第三节　日本茶道礼仪

一、日本茶道的文化礼仪

日本茶道以礼为行为准则。茶道的基础乃是礼的执行。《礼记》有云："鹦鹉能言，不离飞鸟。猩猩能言，不离禽兽。今人若无理，何以别于禽兽乎。故圣人作礼，使人有礼以别于禽兽。"茶道乃治国平天下的基础。

日本茶道中的礼节方面，日式茶道步法也是来源于中国的古典《礼记》。《礼记》有云："上东阶以右足为先，上西阶以左足为先。"这种理论界定了不能够违背天子中央座位的一种步法，正因为中国人认为这是千古不变的真理，所以，后来被运用于佛教法事中。日本也在佛教仪式里沿袭这种做法，在寺院举行仪式时，要求人们先迈靠近柱子一边的脚，这样就不会有违居于正中央的神位。因此，茶道也不可能有违这种礼法，因为茶道的宗旨或目的就是要宣扬和教诲东方的正确的礼法。上田秋成《清风玻言》："茶属于文雅养性之道。"按照自己的身份而游乐，不应该不讲究礼节。譬如，茶道的茶事或茶会过程中，要讲究前礼、后礼、总礼等。如果被邀请参加茶事，首先要向邀请方的主人以信件方式通知或承诺是否出席，同时对主人能够邀请自己表示感谢，这就是前礼；茶事结束后的第二天，还要对前一天得到主人的邀请做出答谢，这就是后礼；而总礼则是茶事结束时的一种礼节。

茶道讲究诚信、谨慎、仁义、礼法、修身、知足、求善心、劝天道、净心情、辨是非、应时节、思盛衰、分轻重、厚朋友、顺天理，这些都是茶道的本意。所谓茶道，并非只是喝茶享乐，而是以茶道所教诲的道德性的日常教训来修养身心，并以这种善心济度人世。因此可以说，茶道就是道学，道学是劝诱人走作为人日常所应该走的道路的。这也是人与禽兽不同的地方。随着文化的进步，人逐步脱离野蛮。古来圣人出世，为人立道，又有贤人引导，引导人们走人所应该走的道路。而学习这种道，就是道学。因而，人们的衣食住行都不可以有一时一刻脱离人道。人们通过茶道学会礼仪，保守道德，使人格逐步升华。

日本茶道起于珠光，中兴于武野绍鸥，大成于千利休。千利休以前，茶道是干涉政治与外交的一种手段。所以，大有文以载道的气势。直至明治时代，仍有人认为，茶人不仅仅是隐者与风流人物，而且应该是活跃于政治、法律、经济、教育等各种社会领域的人。

茶汤，自足利时代起，历时数百年，兴盛不衰；至橄田信是时代，还只是流行追求趣味的茶汤；只有到了千利休时代，才真正使茶汤转变和升华为茶道。茶道在以茶待客的基础上，还要以花飨客，即以该季节的花草树木来招待客人，把插花放置于壁龛里。而壁龛原本是供奉神佛的地方，这与鲜花是神灵附着物这一日本原始思想是相吻合的。

从茶道的观点来看，宇宙万事万物都是茶。茶道可以通于宗教，也可以缓和人心。在足利时代，日本贵族的书院茶道曾经使用中国的天目碗与青瓷碗，却看不到朝鲜的高丽茶碗；到了信畏时代，日本茶道的茶碗开始使用起朝鲜茶碗。其中最为著名的就是珠光青瓷茶碗，这就是朝鲜烧制的。茶人武野绍鸥的时代产生了空寂茶，因此，中国的天目与青瓷逐渐失去了往昔的显赫地位，取而代之的则是钝重素朴的朝鲜茶碗。因为贵族化的天目、青瓷与草庵的空寂茶是极其不协调的。

二、日本茶道道场营造

对于茶道的修行者而言，其立身之地就是修行道场。千利休之孙千宗旦曾为习茶者们写过这样一句话："终日行不动一步"。这是一句禅语，与禅宗典籍《临济录》中的"在途中不离家舍，离家舍不在途中"含义相同。千宗旦意在以此语告诫习茶者：对于一个真正的茶人来说，茶道的道场并不仅局限在"露地"和茶室中，而应该"步步是道场"。然而如果从这个意义上来介绍茶道的道场，对于原本不了解茶道的人来说，恐怕一时还难以理解。因此，有必要对茶道的主要道场——"露地"和草庵做一下介绍。

茶道中所讲的"露地"，是指茶庭而言的。"露地"本是佛教用语，出自佛教《法华经》经文中的"争出火宅，安稳得出，端坐露地"。佛教中将众生生死轮回充满烦恼苦难的欲界、色界、无色界称为"三界"，用在火中燃烧的房屋即"火宅"来比喻"三界"；与之相对，"露地"则是代表脱离于三界之外的，没有烦恼苦难、清净无一物的境界。

千利休认为，茶庭是用来表示"清净无垢的佛的世界"，所以，用佛教用语"露地"来称谓茶庭，是理所当然的。因此，"露地"的设置虽然也是出于一定的实际需要，但更多的则是作为这种佛教净土的重要精神象征而存在的。茶道所创造的时空是一种非日常的时空，茶道所追求的世界是一种现实日常生活中的世外桃源，可以说，"露地"就是这世外桃源的一部分。在茶道中，"露地"大多会被设置成一个花草树木水石相间的近似天然的山野空间中。进入"露地"，可以沿着点缀于山野林间幽曲的飞石小径，悠闲漫步于芳草丛中，闻天籁，赏朝夕雨露风霜，观四季雪月飞花。在通往草庵的途中，还设有一个形同虚设的小小的柴扉。"露地"作为佛教净土的重要精神象征，其中所有景致的设置，其目的并非只是供人欣赏。"露地"所构筑的是一个"无一物中无尽藏，有花有月有楼台"的世界，其目的在于使修茶者净心怡神。所以，千利休说："在露地草庵中，拂去浮生俗尘，主客坦诚相待，抛却所有规矩尺寸格式等，焚火、烧水、吃茶，莫问他事，此乃佛心之显露也。"

人们常用"和、敬、清、寂"这四个字，来概括日本茶道的精神。借用千利休的话，这个"清"字，即"拂去浮世俗尘"之义。所谓"浮世俗尘"，除了一般意义上讲的尘埃之外，还有一种心灵的尘埃之义。禅宗南宗慧能与北宗神秀，当年在禅宗五祖弘忍处修道时，曾奉师命各做过如下偈语。神秀做的偈语是："身是菩提树，心如明镜台，时时勤拂拭，莫使有尘埃"；慧能做的偈语是："菩提本无树，明镜亦非台，本来无一物，何处惹尘埃。"日本茶道之"清"，正是汲取了这两位得道高僧充满禅机的偈意，因此，日本茶道中的众多洗洗刷刷和清扫动作，并非仅是日常生活层面的扫除，还有更深层次的含义，即完成这些动作的过程，实际上也就是对修习者心灵的一种净化和升华的过程。茶道中有很多动作都是具有这种意义的动作，如在露地中用水净手清口的动作等。

茶室精巧的建筑格局可以说是日本古建筑技艺的结晶。茶室中崇尚天然的建筑素材，亦充分体现了日本人热爱自然的心境。如今，以千利休建造的"待庵"及里千家"今日庵"等为首的很多茶室都被日本政府指定为国家重点保护文物。

茶室中被赋予各种意义的门、天井、榻榻米等的设计，无一不显示出茶室是茶人进行茶道修行的一个主要场所，是切断了与俗世的一切联系、以茶为中心的人我共乐的空间，是一个人神交会的神圣空间。茶室的种类繁多，大小不一。小的仅有不到两张榻榻米那么大，大的则会有八张榻榻米以上那么大。

茶道中，把大小为四张半榻榻米的茶室视为基准茶室。当年，茶文化在中国的普及就多源于禅宗的影响，日本茶道的形成受禅宗的影响则更深，再加之四张半榻榻米的尺寸与禅宗寺院"方丈"的尺寸相同，所以，有人说茶道以四张半榻榻米茶室为基准是受禅宗方丈的影响。这种说法虽然不无道理，但茶道思想的成分是相当复杂的，它融道教、阴阳道、儒教、佛学、神道、基督教思想为一体。茶道自其形成开始就受到易经思想的影响，所以，如果从日本茶道的实践性方面来考虑，与其将整个四张半榻榻米大小的茶室视为禅宗的方丈，莫如看成是一个按照易经八卦图来建构的空间更为妥帖。《易经》系辞上传中讲："天尊地卑，乾坤定矣；卑高以陈，贵贱位矣；动静有常，刚柔断矣；方以类聚，物以群分，吉凶生矣；在天成象，在地成形，变化见矣。是故刚柔相摩，八卦相荡。"八卦与八卦相叠而为六画卦，始成八八六十四卦。

"易"理，亦即宇宙大自然之理，就是由这八卦和六十四卦的象与数来喻示的。茶人们端坐于茶室中，运用各种茶道具，组合成千变万化的形式来点茶，就像在八卦图上演习六十四卦一般。"闲坐小窗读周易，不觉春去已多时。"仅仅是读易经的书，就已是乐而忘时，修习茶道，实践易理，则更是妙不可言。易经八卦往往容易被与算卦迷信联系在一起，而在茶道中，易经思想则是构成茶道美学极为重要的指导思想。

茶人们通过"露地"和茶室，在日常生活中营造出了一个非日常的时空。当然，茶人们也不可能终日局限于"露地"草庵中足不出户，故而千宗旦才会告诫茶人们，要把在这净土般的"露地"草庵中的修行所得，应用到其日常生活的方方面面的实践中去，做到"步步是道场"。茶人所追求的精神上的东西，其实也是所有人普遍向往的东西，正因如此，茶道才会至今持久不衰。另外，在日本茶道中，将一般人心目中花园一般的茶庭茶室，比拟成佛教的"露地"净土的思想，与日本固有的山岳信仰也有着密切的关系。

第四节　日本茶道美学

一、日本茶道的文化审美

相传武野绍鸥与千利休两人应邀前赴茶事途中，发现了一只青瓷花瓶，两人互相竞买。两人同为空寂茶人，千利休是看好青瓷花瓶缺少了一只耳朵，武野绍鸥也有同样的感觉。由于完整的青瓷花瓶极不适合摆在空寂茶庵里作为插花工具，也有失一只完整青瓷花瓶的品位，所以只有使其破损，才能够适于空寂茶，也就是说，青瓷只有在破损之后才适合于空寂的氛围。相反，即便是青瓷，只要有一点瑕疵，就不会用于贵族式的书院茶道。这显然是日本茶道尊崇"残缺美"的一种审美特征。朝鲜产的井户、伊罗保、鱼屋、熊川、粉吹、三岛、御本等茶碗的制作钝重，釉药不平，极具适于草庵风格的韵味。千利休倡导禅茶一味的空寂草庵茶，当时的日本全国都风靡草庵茶，使得中国茶碗废弃，朝鲜茶碗流行。到了千利休的孙子千宗旦时期，空寂草庵茶得到更大程度的发展，再也不满足于朝鲜的陶器，而开始以日本本国所产的陶器为主体，如乐烧、荻烧、唐津、志野、织部等，此时，与其使用朝鲜陶器，莫不如使用日本本国陶器的风潮兴起，满足于日式茶碗的茶人多起来，所以，茶人小堀远州鼓励烧制各种各样的陶器，从而兴起烧制陶器的研究。以至于人们编排出了适合于日本茶道的日式茶碗的顺序口号"一荻、二乐、三唐津"。后来则将茶碗的鉴赏主要集中在适于点茶与饮用这两点上。

二、日本茶道的审美特征

久松真一认为茶道文化具有七种特性：不匀整性、简素性、枯高性、自然性、幽玄性、脱俗性、静寂性。这些都是闲寂茶所不可缺少的要素。

（一）不匀整

所谓的不匀整性，就是指不协调。譬如茶碗的不协调或不匀整，就很适合作茶道的用具。那种不完整的残缺性，即非左右对称（匀称）性，或走形了的东西，或表面凹凸不平，或茶碗底座有些歪斜，或涂釉不均，这些有时看起来比那些十分匀整的形体还要具有生动的趣味。如果太过于匀整，就不能饮茶，这与我们平常的饮茶习惯要求茶碗完整均匀有所不同。不仅茶碗是这样的，茶嫩、花器、水雕、茶室等也是如此，甚至连庭院、有些平常的饮食用具也是如此。日本人的文化心理是追求那些非均衡非对称的美，而古希腊与中国则都比较注重均衡对称的美。

久松真一认为这种日本茶道所追求的美是"摧毁完整"，即可以理解为不追求十全十美，是超越了完整之后对完整的否定，是打破固定形式的创造，是寻求变化的趣味性。禅宗的特点就是否定正常的东西，否定完整性的东西，或者否定完美神圣的东西。打破均衡，打破完美。比如"残破的芭蕉叶"等就是禅宗所追求的理想。

（二）简素

日本茶道还具有简素的特征，即指单纯、直接、简洁，不啰唆冗长，不花哨刺眼，有一种淡雅素朴的感觉。日本茶室的构造就十分简单素朴，因为茶道文化的根底里存在着"无"这一思想。茶道的简素乃是作为"无"的表现的简素。譬如，挂在茶室壁龛里的绘画，往往都是较为简单质朴的绘画。茶道所拥有的简素美，除了一般的简素意义之外，还含有整洁质朴、古色古香、枯淡粗糙、凹凸不平、稚拙雅致的意义。例如茶室的柱子不规则，但却有些粗糙质朴的感觉。简素也是禅宗的一个特征，这一点再次印证了禅茶一味境界的真实存在。

（三）枯高

所谓枯高，就是将所有感觉性的东西统统消除掉。是历经时代的东西，并不是十分新鲜的东西，氛围方面显得苍老浓醇。这就是枯高，也就是古雅，还可以说是雅致，又蕴藏着苍劲。譬如大灯国师的书法墨迹，就具有雄劲、崇高、古雅、男性化的特征。枯高乃是禅宗所具有的最大特色。顾名思义就是枯瘦苍劲、孤危峻峭之义。

（四）自然

所谓自然，就是指自然而然，没有刻意寻求，天真率直，毫不做作的东西。名工匠制作的茶碗既不匀整也不做作。历经时日而变得古雅是可以的，而不能刻意去追求古雅。即便是动作，都要求毫无造作而自然而然。禅的境界就如同白云一样自由自在，脱离一切束缚。

（五）幽玄

所谓幽玄，就是高雅、含蓄、无限、幽暗、余裕、余情、余韵，具有深不可测之义。在茶席上相互问候的话语当中，也应该具有符合茶道氛围的幽玄意趣。茶道注重安稳沉静的幽暗气氛，要有一种厚重沉实的感觉。

（六）脱俗

脱俗，是指脱离尘世的庸俗气息。当参加茶事的人通过茶室庭院进入茶席后，就应该忘却尘世的俗气。拂拭掉世间的尘污是进入茶庭的一种思想准备。而茶庭也正是为了使人达到这种忘俗的境界而建造的。在茶室门口首先要洗手、漱口，就是要人们洗涤心灵、去除杂念。脱俗不仅仅是离开社会世俗，而是要在清心之后，再次回归社会；脱俗还有不拘泥于规矩准绳的意思。客人与主人或客人与客人之间的对话，也要是超脱俗世的内容，而且讲话的礼仪方式，也应该是符合这种脱离尘世的境界。譬如，不可能在茶事进行当中，大谈特谈诸如赚钱生意之类的事情。要使自己洒脱起来，同时也使他人洒脱起来。脱俗就是脱去人间的俗气，而禅的脱俗精神是十分彻底的，否定人也否定佛。

（七）静寂

所谓静寂，是指沉着、寂静、内省的精神，佛教中有寂静和静寂之语。在茶道方面，无论是话语还是动作以及会话方式，都必须是静悄悄而沉稳持重的。茶碗与挂轴等也不能是喧闹的东西，即便是有动感存在，也是静感的动。茶道追求静中之动，久松真一认为，茶道所具有的七个特性可以被一种本质的东西概括起来，那就是"无"，而"无"才是建立茶道文化的创造性根源。"无"是以吃茶为契机创造茶道文化的创造性主体，茶道的程式里，在进入

"露地"（茶室庭院或道路）时，就净化了人本来的心地。千利休在《南方录》中叙述道："露地只是存在于浮世之外的道路，可以消除心灵之灰尘。"千利休等人规定了一些茶道的清规，如"庵内庵外，世事杂话，古来禁之。""尽地之树石，天然之趣，不得其心之辈，自此应速归去。"可以说，露地既表示茶庭的通道，又表示人的心地。参加茶事的人们，通过这种通道（解地）可以使本来的心地显露出来。似乎具有一种超越现实的、宗教式的东西。千利休还在《南方录》中叙述道："洗手钵之事，专以洗漱心头，为此道之肝要。"茶室（草庵）与茶庭（尽地）的存在意义或内容都是相同的，即拂拭俗尘，体会清净静寂佛心，并做到身体力行。

三、日本茶道之风雅

茶的要素里，有风流风雅之味。所谓风流风雅，就是与天然自然同化的心境的自然表露。只有立足于天然自然的东西，才是风雅的东西。除了茶汤、茶器、挂轴、礼仪程式，日本茶道在点茶时，尤其在意装饰的茶花。由于室町时代、东山时代茶道的兴起，制定装饰用的配置于壁完里的插花，便被称为茶花。茶花是一种小型而无法式的花，茶花是茶人平素装饰室内壁完最为简易的插花，并非是举行仪式大典时的真正插花。插茶花的要领大致有以下几点：第一，茶人只插有茶味之花；第二，茶人只用有茶味之花器；第三，茶人将有茶味之花只插于有茶味之花器；第四，茶人插花不拘泥于技巧；第五，茶人插花无定型；第六，茶花须迅速插定。

所谓茶花，都是应时的季节之花，茶人喜欢联想季节，更喜欢带有野趣的鲜花。因而，奇花异草未必适合作茶花；早开之花未必适合作茶花。茶道讲求道具的协调，茶花虽可以属于插花的一种，但它与一般的插花有着极大的差别。一般的插花是把一瓶花看作是一草一木的生长姿态，比较注重花的自然生长姿态，所以把花器（瓶）中的水面看成花树生长的土壤地面。相反，在茶花这一方面，只是折下一根树枝或一棵花草插在花器里，并作为暂时的欣赏对象，只不过是培养一种热爱天然或自然的心境而已。因此，它不必太注重技巧，只是观赏这一朵花的茶人的心境里有风流存在。所以，也就无法使茶花定型，这也就是茶花的本质。插花要求迅速，却又不能够修改。从众多的花里选出茶人自己想要插的花，大致调整好枝叶后，轻轻地放入花瓶里，然后迅速地放开手，这样茶花就诞生了。

此外，日本茶人也常常引用我国诗人的诗歌来赞颂日本茶道的自然美学意境，如卢仝的七碗茶歌曰："柴门反关无俗客，纱帽笼头自煎吃。"此为非文雅之人则难入之境界，即饮茶贵在理解茶中之情趣。茶书《茶略·得趣篇》中说："饮茶贵茶中趣。若不得其趣而信口哺吸，与嚼蜡何异乎。虽此，趣固不易知。知趣亦不易。远行口干，剧饮于大钟者为不知。酒酣肺焦，疾呼解渴者为不知。饭后漱口，横吞直饮者为不知。浓煎井水，以铁器慢煎者为不知。必为，山窗凉雨，对客清谈之时知之。服履登山，扣舷泛棹之时知之。竹楼待月，草塌迎风之时知之。梅花树下，读离骚之时知之。杨柳池边，听黄鹂之时知之。知其趣者，浅酌细嚼，觉清风之透五中。"

四、日本茶道之闲寂

"和敬清寂"这一茶道的信条，教导人们特别是茶人要追求闲寂。这也是千利休所极力主张的。所谓闲寂，就是佛教的少欲知足之义。在日常生活中，要控制欲望，以适合自己身份的生活态度，来享受社会生活，安分知足，禁止骄奢，戒吝啬，奖励勤俭，学习业务，整理经济。无论贵残贫富，只要能够保证最小限度的生活程度，都要遵守日常生活交际中的中正态度。茶道追求社会生活的宁静祥和，主张建立安乐和平的极乐世界，彻底驱除苦难的世界，即地狱饿鬼道。茶道真正实践了这种佛教主义精神。从而也真正做到禅茶一味，茶人在茶道方面首先要修行自己的德行，这是一种使自己能够成佛的修行。同时，要认识到既然生存在这个社会上，就要有责任心，要肩负构筑世界和平的重任。也就是说，对个人来讲，茶道讲究和敬；对社会来讲，茶道讲究和平。因为社会的和平来自人与人之间和与敬的和谐的人际关系，这也正是茶道的社会精神。

闲寂，并不是忍耐不自由的生活，而是享受不自由的生活，正如禅宗所说："日日是好日""平常心是道"。闲寂茶汤的精神境界在《新古今集》中也有所表现，膝原定家以及膝原家隆的和歌，就表现了这样的意境。武野绍鸥以定家的和歌来表达作为茶人的心境，比较适合于禅茶"无一物"的闲寂精神，也比较适合于茶庭的风景审美情趣。而千利休则发现了家隆的和歌，以表达"无一物"境界中的所能够产生的生命力。

　　茶道要求不要被任何东西牵扯住注意力，要流畅地点茶，这就如同坐禅中的点茶，能够使茶点得很好，也就达到了禅茶一味的境界。而禅的第一要义就是要体会宇宙观，茶人自己的存在就是宇宙的分身，宇宙即真如，即佛，即如来，即自己。

第二章 茶文化对日本茶道的影响

第一节 茶文化的历史溯源

一、茶文化的定义

茶作为已在世界上普及的饮品之一，来源于中国。根据有关资料的统计，在全球范围内一共有150多个国家有饮茶的习惯，其中50余个国家还有自己的茶叶生产区。每一个国家基本上都有关于中国茶的东西，像是中国茶俗、茶籽和制茶的技术。

所以说，中国是茶的故乡。开门七件事，柴、米、油、盐、酱、醋、茶，从中可以看出，茶已经作为人们生活中的必需品，与其他六件事构成了一种特有的文化现象。茶文化本身一方面具有物质性和精神性，另一方面又是精神文明与物质文明的有机整合，它依赖于用自身物质方面的特性来进行有效的文化传播。而我们要通过它的定义与内涵来研究茶文化的发展及其对外的传播。

早期，文化的基本意思是"文治"与"教化"，即一种重要的安邦治国手段。"先文化后武力""文化以柔道""裁之以武风，绥之以文化"，以上这些句子体现的都是文化的动词的意思，文而化之，"文"是基于道德教导世人，使人"发乎情止于礼"，使其摆脱愚昧的意思。"化"是变化、变异、生成以及造化、教化的意思。

现代文化被赋予的含义与早期的文化相比是不尽相同的。五四爱国运动期间，一些学者给"文化"重新下了定义，蔡元培提出"文化是人生发展的状况"，人们平常所要面临的服装、食品、住房、医疗卫生、政治、经济等方面皆文化。梁启超说："文化者，人类心能所开释出来有价值的共业也。"胡适在《我们对于西洋近代文化的态度》一文中，指出"文化是文明社会形成的生活的方式。"文化的含义从本质上说，受西方的影响比较大。

"文化"一词拥有非常多的含义，但其含义不是很明确。在世界范围内，学者们对"文化"也下了数以百计的定义。庞朴先生曾问过钱钟书先生，文化如何定义，钱钟书说："文化这个东西，你不问嘛，我倒还清楚；你这一问，我倒糊涂起来了。"

在我国众多的书籍系统中，可以查到"茶德""茶品""茶道"等词语，但是像"茶文化"这样的词语却没有，甚至近现代的茶书等著作中也鲜有记载。直到近几十年才逐渐出现了关于"茶文化"的记载。庄晚芳在1982年出版的《中国茶文化的发展与传播》，可看作是茶文化首次被提及和应用。此后，一些学者开始关注并把它当作课题来研究。1990年左右，茶文化基本得到了人们的认可，并得到了很大程度的宣传。

茶文化是作为"文化"中的一部分来被学者们从文化角度下的定义，然而很多学者的观点是不尽一致的。有些人认为文化指的就是物质的精神层面。因此茶文化具有两方面的内涵，一方面是物质的，另一方面是精神的；也有人认为茶文化直接就是物质、精神、制度等文化的合成体；还存在着一些观点，人们在研究茶的过程中所产生的社会现象，即茶文化。一般来说，茶文化就是人们在生产、制造、发展茶的过程中，通过茶这一物质载体，来表达人与自然、人与人之间情感的集合体。

而一种更为权威的说法是，基于我国研究茶的文化大背景下，通过马克思主义哲学所得出的结论：所谓的文化，指的是"人化"，人们在改造自身及社会和自然的过程中，人化了物质精神产品的特殊功能。由此得出，不管是物质的还是精神的，都是人类在生产制造的过程中的产物，都充满了人类物质和精神的世界观、人生观、价值观。

通过以上这一定义，我们可以得出结论，即人们在生产和利用茶的过程中潜移默化地形成了茶文化，即茶的"人化"。从这里我们可以看出，茶不仅包含其物质本身，还有精神层面，茶文化是对各个历史时期人类文化价值及生活观的整合。

二、茶文化的萌芽与孕育期

（一）茶树原产于中国

根据植物学家论证，属山茶科植物的茶树早在几十万年前就在中国西南部进化形成。唐代陆羽《茶经》称，茶树在"巴山峡川有两人合抱者"，说明在唐代中期，中国的川东、鄂西一带已经分布有许多野生古老大茶树。近几年来通过考察和调查，已在全国10个省区近200处发现有野生大茶树，有的地区甚至成片分布。例如，云南思茅区千家寨的原始森林中就发现野生大茶树群落数千亩，其中一株大茶树的树龄约有2700年。另外，云南西双版纳巴达大黑山密林中有一株树高32米的野生大茶树，树龄约有1700年。云南勐海南糯山有万亩的古茶树林。这些古茶树的发现，是茶树原产地的历史见证。

（二）神农与茶

唐代陆羽《茶经》称："茶之为饮，发乎神农氏，闻于鲁周公"。说明茶之饮用，发源于史前的神农时代。神农是中国5000年前发明农业的传说人物，相传"神农尝百草，日遇七十二毒，得茶而解之"。茶是中国原始先民在寻求各种可食之物、治病之药的采集过程中被发现的，先为药用，以后才发展为食用和饮用。因此，中国发现与利用茶的历史已有5000多年了。

（三）巴蜀是茶文化的摇篮

巴蜀是中国古代一个广泛的地域，指现在的四川、湖北以及云南、贵州两省的部分地区。从神农尝百草的传说中可知，巴蜀地区在那时就发现和利用茶叶了，以后才开始有了饮茶的历史。

据史籍记载，公元前11世纪商末周初以后，中国已有种茶、产茶的迹象，东晋常璩《华阳国志·巴志》称：周武王灭纣后，巴蜀地方出产的"……丹、漆、茶、蜜……皆纳贡之"，其中"园有……香茗"。《华阳国志·蜀志》载："什郊县，山出好茶。"又载："南安、武阳，皆出名茶。"说明商末周初之后，中国就有种茶和名茶、贡茶了。

公元前316年蜀国王曾以蔟萌（古代茶的称呼）作为人名、地名。公元前202年，汉高祖于古长沙国置"茶陵县"（因产茶多而名之）。汉《凡将篇》记载的20多种药物名称中有"荈诧"一名（荈音川，是巴蜀茶的方言），西汉王褒《憧约》中有"烹茶净具""武阳买茶"两句。武阳在今四川彭山区，说明西汉时已有茶叶市场和饮茶习俗了。

三国魏张揖《广雅》载："荆巴间采茶作饼，成以米膏出之……用葱姜之。"西晋孙楚《出歌》中有"姜、桂、茶，出巴蜀"之句。

三、茶文化的初始发展

西汉初年成书的《尔雅》"释木"部中，收有"木贾，苦茶"的字条（木贾字音古，茶字音茶）。古时"茶"字虽有苦菜和茶等多种解释，但音茶者多指茶。汉代许慎《说文解字》记载："茶，苦茶也。""茗，茶芽也。"《三国志·吴书·韦耀传》中，还有以茶代酒的记载。西晋张载《登成都白冤楼诗》中有"芳茶冠六清，溢味播九区"的诗句，称茶是最好的饮料。西晋左思《娇女诗》中有"心为茶剧，吹嘘对鼎历"的诗句，说明西晋一些贵族家庭妇孺都饮茶。东晋《晋·桓温列传》中有以茶为崇尚俭朴的记述。南北朝时《吴兴记》中有"乌程县（浙江长兴古称）西北二十里温山出御"的记载，说明宫廷用茶出现之早。隋《广韵》中同时收有茶，并说明茶为俗称。

从古至今，茶叶作为药物有多种功能。从我国古书上就可以查阅到很多。《神农本草经》："茶味苦，饮之使人益思，少卧，轻身，明目。"唐代陆羽所著的《茶经》对此也有记载："神农尝百草，一日遇七十二毒，得茶而解之。"到后来又被人们作为食材使用。茶作为药材及食材使用晚于其饮料的作用。刚开始的时候，人们直接咀嚼茶叶汲取新鲜的汁液，是人们的一种习惯，把茶叶放在嘴里随便地咀嚼成为一种嗜好。

茶在药材方面的作用最早体现在明朝以后。例如《普济方》中关于药茶的一篇文章中，对一共八种药茶做了详细的论述。关于缓衰抗老的"八仙茶"也在《韩氏医通》中首次记载。明代医学家李时珍在他的著作《本草纲目》中，也有关于药茶的记录，并做了系统全面的论述。在清代，有关药茶记载的专著逐渐增多。

这里需要特别注意的是，在沈金鳌先生所著的《沈氏尊生书》这本书中，所记载的关于瘟病学家叶天士的药茶方，现在称之为"天中茶"，许多临床医生还在使用。

清朝皇室把身体健康看得非常重要，追求长寿的草药茶方，如由乌龙茶、六安茶、泽泻茶等组成的清宫仙药茶。据现代药理研究，其降脂、化浊、补益肝肾，提高免疫力的功能非常明显。饮茶文化在明清时期已经融入生活的各个方面。此后，随着人民生活水平的逐渐提高，茶文化也由贵族化、文人化走向了大众化，成为大众性的活动。而人们也把此前生嚼茶叶的习惯改成了煎服，把新鲜的茶叶洗干净，放进一个盛满沸水的罐子里煮熟，连同茶叶一起服用。煮熟后的茶，味道虽苦，但其浓郁的香味扑鼻而来，效果要比生嚼茶叶好很多，人们逐渐养成了这种煮茶的习惯，这也是茶叶作为饮品使用的开端。

四、唐、宋时期的茶文化

（一）唐朝时期的茶文化

唐代拥有广阔的领土和重视对外交往，长安是全国的政治文化中心，正是在这种大背景下孕育出了茶文化。茶文化也与当时的佛教、科举制、贡茶的兴起以及禁酒有关。

自唐中期以后，茶业逐渐在长江流域及其以南地区传播开来，并自南方向边疆地区扩散，此时，政府也开始对边疆地区的茶叶征税。之前，茶叶只在医药、文化著作中被零散地记载着，而到了唐代就出现了关于茶叶的专著，陆羽对茶的仪式、茶学，茶道思想的总结，并汇编成其经典的著作《茶经》，是一个里程碑式的标志。它不仅叙述了茶文化的经典，其本质还渗透着诗人的气质和艺术理念，它奠定了中国茶文化的理论基础。茶文化在唐朝时期已经初具规模，在全国也成了一种独立的文化形式。

唐代茶叶生产迅速扩大，根据历史文献记载，全国共有七十六个州产茶，包括安徽、浙江、四川、江苏等省市和自治区，南北一直延续到江苏连云港地区，当时的茶产区范围可与现代的茶区相媲美，茶叶产品多达一百五十多个。茶叶产地不断扩大，品种迅速增多，大大促进了茶叶的生产和销售。除了在本民族地区畅销外，同时还销往我国各少数民族地区。当边疆的少数民族开始饮茶时，逐渐诞生了"茶马互市"这一交易行为。在中国历史上，这种茶马交易方式也逐渐兴盛起来。

唐代中期，朝廷在茶叶的交易过程中也会征收茶税，此时，茶叶生产、贸易已经成为我国的社会经济活动。在唐代中期之前，朝廷还没有针对茶叶收取相关的赋税。但是伴随着茶叶贸易的不断扩大以及生产量的迅速增加，加上唐代中期以后为了镇压安史之乱所造成的国库窘境，唐德宗建中三年，开始收取天下的茶税：十个取一个。这也是中国历史上对茶税的首次征收。兴元元年，由于公众的不满，朝廷暂停征收茶税。但到了唐德宗贞元九年，朝廷又恢复了茶税的征收，并改为定制。

到了唐朝中后期，陆羽的《茶经》等有关茶的著作，在人们对茶的追求不断上升以及茶文化的蓬勃发展下相继诞生了。这些专著的陆续出现，标志着茶文化以一种崭新的形态面向世人。

（二）宋朝时期的茶文化

在唐朝，僧人、文人、道士等占据了茶文化的主导地位，到了宋朝便进一步扩大了其在上下阶层的影响。一方面是关于宫廷茶文化的出现，另一方面是公共茶文化的兴起，刮起了民间"斗茶"之风。宋代改变了前代统一冲泡茶的方法，对茶的色香味有了研究。南宋初年，泡茶法诞生，催生了喝茶的大众化，使茶饮走向了简易化的道路。在宋代，人们非常注重饮茶的技巧，但忽略了情感的重要性。由于宋代的许多著名文人像林逋、王禹、范仲淹、欧阳修、苏轼、王安石、苏辙、黄庭坚、梅尧臣等都好茶，加快了茶与琴、棋、书画等相关艺术融为一体的进程，所衍生出来的就是画家的茶画，书法家的茶帖以及诗人的茶诗。拓展了茶文化的人文内涵，与艺术、文学等精神文化相关联。宋人丰富了茶文化的文化形式及其社会层面，各种茶事、茶艺等活动蓬勃发展，但过程相对繁复。

五、元、明、清时期茶文化的发展

（一）元朝时期茶文化的发展

元人对宋人繁复的茶艺过程感到不满，学者们再也没有心情用茶事去表现自己的温文尔雅，而是希望在茶事中表现出自己的节操，磨炼自己的意志。这两种思想却互相融合，把茶艺回归到了最原始简约的状态。到了元中期，制茶技术得到提高，制茶的水平也越来越讲究，甚至一些地方开始形成了独具特色的茶文化，它们被视为珍宝，在全国各地流传。在元代一些地区还出现了机械制茶的水磨坊，利用水利来推磨碾茶，相比前人迈出了很大一步。

（二）明清时期茶文化的发展

明清时期，在选择茶的类型和饮茶的方法上，都和上一代有着显著的差异。

明代在唐、宋时期开发的散茶基础上更加繁荣。在明代，散茶中的绿茶是利用炒青法所制的主要茶类，其中也包含部分花茶。清代的红茶、白茶、黑茶、乌龙茶等茶类，组成了我国茶叶种类的基本结构，同时，"点泡茶"的方法被"撮泡茶"取代。

清代的茶叶、茶著、茶诗、茶画等数之不尽，是进出口贸易的主力军。17世纪50年代，在法国市场上出现了大量的中国茶叶；康熙八年，英国的中国茶叶是由东印度公司从万丹运输过去的；康熙二十八年（公元1689年），福建厦门的茶叶出口达到了一百五十担，直销英国，这也是中国茶叶第一次直接销往英国市场；1690年，中国在美国波士顿获得了茶叶销售执照；光绪三十一年（1905年），中国茶叶考察团前往印度、锡兰（今斯里兰卡）学习茶叶的生产技术，并购得一批制茶机械，回国后，对机械制茶做了广泛的宣传。综上所述，我国茶叶的发展一直紧跟时代发展的潮流。

第二节　茶文化的传播

一、茶文化传播的主要方式

（一）文化交互传播

茶文化的精神层面包含的内容特别是茶道茶德，可以清晰地体现出国学、宗教等文化意涵的影响、渗透与贯穿。茶文化是中华民族传统文化重要而特别的组成部分。许多经典文化以茶为载体，并通过这个载体来传播。茶文化是一个复合概念，因而其产生、存在、传播的过程也必然与其他文化及学科相互依存并相互影响，其中在茶文化的传播过程中，茶文化的传播是伴随着其他文化的传播并以之为自身的传播渠道的，茶文化与其他文化在传播中是并存、交互的关系。其中最为常见和突出的，是茶文化与佛教文化、茶文化与道教文化、茶文化与儒家思想两相交互传播。

（二）通过文学艺术作品传播

茶与文学，有着一种特别的亲近感。从首次归纳唐代之前茶文化的形成过程，演绎各种茶事的综合性茶文化著作的唐代陆羽的《茶经》开始，历经1300年，文人墨客的风雅总能与这抹茶香融合得天衣无缝，文人欣赏茶的品性，在爱茶与品茗间创作了很多文学作品，各种与茶相关的诗歌、散文等各种文学体裁或是茶文化研究及相关成果专著，都对茶文化的传播起到了十分重要的作用。

（三）通过大众传播媒介传播

借由大众传播媒介先进的技术与稳定的受众群体、及时、便捷等方面的优势，茶文化在大众传播媒介提供的平台上可以进行有效甚至高效的传播。其中，最为突出的是近年来的茶文化相关电视纪录片对茶文化传播的成功案例。例如，2005年由云南卫视主创的电视纪录片《茶马古道》，把世界的目光聚焦在这条最重要的茶叶陆上交通要道上；2009年，央视以"茶旅"为主题拍摄的全景，呈现中国茶叶概况的 30 集电视历史文化纪录片《茶旅天下》；2013 年，央视再次精良制作的从茶的种类、历史、传播及制作等多角度完整呈现世界茶文化面貌的 6 集电视纪录片《茶，一片树叶的故事》。

（四）通过经贸与组织交流传播

茶从古至今都是作为一种重要的商品进行流通的，在这个最重要的商业过程中，从茶马古道上的阵阵驼铃，到现代各种茶品经贸方式，也历经了茶文化从古至今的传播历程。在当代，有两种经贸方式比较受青睐并相对茶文化的传播做到了比较好的传播效果，即当代茶艺馆对茶文化的传播和各地茶文化节或茶叶交流会的举办。其中，茶艺馆的传播方式、效果等在下文具体呈现，茶文化节等新兴的茶叶展销形式具有规模性、效果延后性和持续性等特点。二者都对茶文化在消费与商贸过程中进行的即时传播有各自不同程度的显效。

茶文化的组织交流传播可分为两大类，一类是政府性质的组织传播，一类是非政府性质的民间团体组织自发集结成社，以茶文化为主题进行一系列相关的集会等活动，进行的是组织内的非正式渠道传播。政府性质的组织传播大都是在茶叶产地，政府为推动茶产业经济发展而进行的一系列不同形式的交流活动。非政府性质的民间团体对茶文化的传播作用不容小觑，早在 1982 年杭州便成立了全国第一个社团性质的名为"茶人之家"的组织，即 1992 年成立的对我国茶叶进行跨地区、跨部门、跨所有制的综合管理、协调及服务的机构 —— 中国茶叶流通协会以及 1993 年由农业部正式批准成立的茶叶研究学会 —— 中国国际茶文化研究会，都在不同领域和方向对茶文化的流通进行了成功的实践。

二、茶文化传播的现实意义

茶之于人们的现实生活，可以是开门七件事中的小俗，亦可以是陶冶心性的大雅，无论是以哪一种姿态与现实生活交织，都对人们的物质和精神生活产生了影响。从学科研究的角度来看，茶文化包含了自然科学与人文科学的内容，是人们在社会历史自然过程里，创造出的与茶相关的物质财富及精神财富的总和。一般来说，文化在人类社会发展中的功能主要表现在五个方面，即传播功能、认知功能、教化功能、协调功能以及创新功能。文化是一定的社会政治经济现实的反映，同时也对整个社会的物质文明和精神文明带来一定的积极作用，茶文化在历史和现实的发展过程中，其传播所带来的积极意义也值得关注。

茶文化传播的现实意义主要表现在认知、教化和协调这三个方面。在认知和教化层面，茶文化所主张的"以茶养性，以茶修德"的基本观念，契合儒、释、道三种文化中的"茶道即人道""和敬友爱""美善合一"等积极意义，对现代社会人们的精神世界有着很好的净化与导向作用，"以礼为先""清廉厚德"等基本茶德中所倡导的处世之道对构建和谐社会精神文明建设中的道德建设有着独特的导向意义。在协调功能方面，茶是一种文化的载体并作为一种媒介存在的，茶文化也是一种社交文化，于内，以茶和茶文化为媒介，将茶文化中的"礼、敬、和"等观念宗旨传达到以茶为媒介交往的社会关系中，对于规范、协调积极健康的社会实践和关系也起到了积极作用；于外，通过茶文化的交流和传播，使得中华民族传统文化能够被异域文化认知和交流，从而树立良好的国家形象，在这个层面上也具有一定程度的积极意义。

三、茶文化海外传播的主要内容

中国是茶的故乡，也是茶文化的发源地。茶文化融诗词、书法、琴棋、歌舞、戏曲、工艺为一体，集哲学、经济、历史、地理、宗教、民俗、礼仪、旅游、科研、教育、医学、园艺、食品、陶瓷为一堂，是属于全世界人民的宝贵财富。茶文化作为中国形象的一部分，从跨文化传播角度而言，首先要体现出自己的独特性，即与他人的不同之处，这样才更易于传播与交流，才更有海外传播的文化价值。茶文化的海外传播内容应注重其独特性，具体可分为四个方面。

（一）丰富多彩的茶物质产品

作为茶的故乡和茶的原产地，中国向全世界传播的茶产品，包括丰富多彩的茶叶种类和别具特色的茶具。中国的茶种类繁多，绿茶、红茶、乌龙茶、白茶、黄茶和黑茶六大茶类中，有着闻名世界的西湖龙井、信阳毛尖、太平猴魁、六安瓜片、铁观音、碧螺春等世界名茶。同样，茶具亦是种类繁多，特色鲜明。茶具分为采茶工具、蒸茶工具、干燥工具、冲饮工具等。冲饮茶具中，有着传统文化称之为"茶室四宝"的玉书煨、潮汕炉、孟臣罐、若琛瓯等茶具精品。

（二）反映中国文化的茶精神产品

从精神内涵来看，中国茶文化既包括儒家的内省、亲和、凝聚，又包含佛家的清静、空灵、禅机，同时还包括道家的自然、养生与无为。文化成就只有当它能代代相传并能逐渐成为群体的集体财富时，才能产生积极作用。

茶文化不仅是一种物质文化，如集品茗、休闲、养生、娱乐于一体的中国茶楼文化，成为现代人生活素养提高的标志。再如以茶会友的人际交往方式。在社会生活中，茶是人际交往的桥梁和纽带，无论是普通人的走亲访友，还是国际交流中会见元首，接待贵宾，茶都是最好的交往媒介。中国茶文化中，还有题材多样的茶诗，据统计中国有3000余首吟咏茶事的诗歌（包括诗、词、曲、歌、赋等）流传下来，历代茶诗如同茶史博览，对于传播优秀的文化传统、净化人们的心灵有着不可估量的作用。

（三）蕴含中国文化和精神的茶艺、茶礼

中国的茶艺是通过茶艺的器具和茶艺的表演体现出来，它是共性和个性的和谐统一，唐代陆羽《茶经》谈到品茶者"宜精行俭德之人"，追求人格美和朴拙美，展示出一种空灵的、超然脱俗的美学境界。

以茶事功能来分，茶艺可分为生活型茶艺、经营型茶艺、表演型茶艺。中国自古就有种种以茶代礼的风俗，早在3000多年前的周朝，茶已被奉为礼品与贡品，到两晋、南北朝时，客来敬茶已经成为人际交往的社交礼仪。

各种茶礼文化中蕴含着俭、清、和、静的人生观，反映了中华民族倡导的一种处世哲学。

（四）绿色健康的茶生活方式

随着全球经济的飞速发展，人们的生活节奏日益加快、自然生态遭破坏、生存环境恶化，尤其在工业化极度发达的国家及成熟的商业国度，这些长期的工业文明所带来的负效应充斥着人们的生活。人们越来越为工业文明带来的种种危害所困扰，渴望追求一种健康的生活方式。而茶的这种天然无污染、保健、养生功效及其独特的品饮方式是世界各国所风行的碳酸饮料无法相比的，传播茶的这种独特功效，推广健康绿色饮品的时尚理念，应是中国茶文化海外传播的重要内容。

四、茶文化海外传播渠道

茶文化海外传播的渠道有很多，在经济全球化的背景下，特别是信息传播已进入新媒体、全媒体时代后，茶文化海外传播渠道有了新的变化和发展，具体而言，主要有以下四个方面：

（一）发挥传统媒体的现有优势

政府部门、企业、媒体及相关组织要在原有传播、宣传的基础上，在报纸、期刊和其他纸媒上刊登更多的有关茶文化的文章，出版更加具有全民普及效应的各类茶文化书籍；在各种渠道、场合向海外受众进行中国茶文化的专业传播和普及性宣传；在电视、广播、电子显示屏、楼宇电子视频等载体上播放有关中国茶文化的电视剧、电视片、纪录片等。由于电子媒体能将声音、图像、文字、动画融为一体，且具有传播速度快、传播范围广、传播途径多、受众到达率高、交互性强等特点，能起到更好地传播中国茶文化的作用。例如，开创中国茶叶纪录片先河的影视作品《茶旅天下》和电视剧《茶马古道》，都将中国茶文化很好地展示给了全世界。在今后很长一段时间内，传统媒体特别是主流传统媒体依旧是相关组织将中国茶文化推广到全世界的主要渠道。

（二）充分利用新媒体

网络传播不受时间、空间和地域的限制，传播的信息量大而直观；数字化的网络信息资源和相关技术的结合大大提高了人们对客观世界的表达和描述；网络虚拟技术和互动性为人们的沟通提供了多种交流方式；以电子数字交换技术为基础，网络提供了一种颠覆性的商业模式——电子商务。网络的技术优势为茶文化传播提供了强有力的支持。首先，在茶文化的传播上多采用视频、音频等多媒体技术，将茶文化具体化、形象化，给受众带去强烈的感官冲击，可以更好地吸引受众，激发其对于茶文化的兴趣。其次，增加网络互动的内容，如论坛、微博、小型游戏内容等，使受众具有强烈的带入感和参与感，对茶文化的体会更加深刻。再如，建立类似淘宝网模式的专门普及茶知识、推介茶产品、传播茶文化网络平台等。

（三）借助各种公关传播平台

公共关系传播的特点在于强调传播的双向性，即在主客体之间建构一种双向互动、对称平衡的传播关系，将公关传播的原理运用于茶文化的海外传播，具体有以下四种路径：

（1）在各类涉外的活动、会议、接待和聚餐中，以茶为"媒"。在政府机关、企事业单位举行的涉外宴请、接待的过程中，充分体现、彰显茶文化的特点，把茶宴作为迎宾的最高礼遇。

（2）将传播文化与发展旅游相结合，在涉外旅游景点中开发与传播茶文化，开发与茶文化相配套的旅游事业，在宣传景区的同时也传播了中国茶文化。在有条件的旅游景区，建立专门的观光茶园传播茶文化，让公众从身体感官和精神层面深入感受中国茶文化的魅力。

（3）建立大型中国茶文化博物馆，直接搭建茶文化传播平台。中国茶文化博物馆的策划与建设是对中宣部、文化部、商务部倡议实施的文化输出"大外宣"计划的积极响应，为中国茶文化走向世界构建一座更加便捷直接的桥梁。

（4）策划、实施各类茶文化传播专题活动。定期或不定期地组织"国际茶文化节""茶文化知识竞赛""茶文化传播研究""各国茶道交流",在双向互动中传播中国茶文化。

（四）借用境外媒体

中国媒体由于受东西方文化差异的影响，对于西方受众的影响力还处于由弱到强的成长阶段，而境外主流媒体则在国际受众中有较高的信任度，加之在跨文化传播中，传播受众对传播主体的本土认知度等因素，使得境外媒体能够更加顺畅地影响国际受众。因此，茶文化在国际上的传播不能只依赖本国的对外传播，更要学会巧妙借助国外主流媒体的力量。包括邀请国外著名媒体人士来中国考察、参观、交流，将多姿多彩的茶文化借境外媒体展示给全世界。《新法国：当代法国葡萄酒大全》和《泥炭烟和烈性酒：伊斯莱和它的威士忌》两本书的作者安德鲁杰弗德曾在英国《金融时报》中发表文章，阐述了自己对中国茶文化的理解与认识，"高雅、迷人、无法抗拒的魅力"，概括了安德鲁·杰弗德对于中国茶文化的感受，同时也是借用西方传媒传播中国茶文化的典型例证。

第三节　茶文化的功能

一、茶文化在人际交往中的功能

（一）礼品茶在人际交往中的意义

送礼是中国历久以来的一个礼仪习俗，送礼这种形式对维护彼此间的关系有积极作用。"礼品茶"是中国人送礼的主要形式之一，由于喝茶具有保健、延年益寿的功效，送茶就相当于送健康、送长寿、送品位，而且它属于中性礼品，既合适，又能体现出送礼人的品位，且礼品茶的包装精美、上档次、有品位，更能传递送礼人的用心。从"茶文化"的历史溯源与人际传播等效果看，礼轻情意重，送礼品茶有助于拉近彼此的关系，有求于人的时候，谈话氛围也会变得轻松一些。

虽然人与人关系的维护，可以靠打电话、短信送祝福，或微信、微博互动，但现代社会节奏快，短信祝福模板化、缺诚意，难以产生较强的人际传播效果。但送礼品茶不同，它是一种物质实体，能实实在在让人感受它的存在，送的时候能让收礼人感到送礼人对彼此关系的重视，每次在喝茶的时候又能想起送礼人的情谊，从而使人际传播效果得到强化。总之，礼品有它独特的优势才会成为人际传播的重要物质载体，这是"茶文化"发展到一定程度的必然结果，因此就必须传承"茶文化"，并充分发挥其推进人际关系的作用。

（二）茶文化精神内涵在人际交往中的体现

1. 和

茶文化"和"的精神内涵讲求和谐统一、中庸之道，所表现的是人的心胸、容忍的度量、待人的谦和。在以"茶"为载体的人际交往中，由于受到"茶文化"所蕴含的"温和"特性的感染，喝茶的人都会遵循和谐共处的原则，放缓自己的节奏、规范自己的言行，以体现自身涵养，处理好人际关系，从而营造良好的谈话氛围。

2. 敬

中国自古以来就有"以茶代酒敬人"的文化传统，体现了中国人重情好客、相互尊敬的民族精神。在以"茶"为载体的人际传播中，下属尊敬领导、晚辈尊敬长辈，但更重要的是不论辈分彼此间都应持相互尊敬的态度，如言语温和、尊重对方的讲话方式和思维习惯，这些都是"茶文化"精神内涵的体现。在"茶文化"思想的影响下，人与人之间多了份谦让、多了份容忍，从而促进了友好、和谐交际氛围的形成。

3. 理

理，就是彼此之间相互了解、和谈讲理。以前人们就有到茶馆调解讲理、谈和解之事，因为在茶馆这种特殊的传播情境下，大家都比较容易心平气和，来对出现分歧的事进行商量探讨，想办法解决分歧。现代的生意人，也会有在茶楼边喝茶边谈生意的做法，这都是受到"茶文化"精神内涵的影响，遵循理智、讲理、以理服人的原则，冷静理智思考问题，做出正确的决定。

4. 礼

礼，就是以礼待人，以礼示人。中国是礼仪之邦，在人际交往中处处都注意礼节、礼仪，注意礼貌用语。在以"茶"这种方式的人际传播中，喝茶的礼节非常讲究，如茶只能斟七分满，以表敬人，在他人为你敬茶时，中指和食指要叩桌以表谢意，从而传递双方对彼此的谢意，有助于增进共饮茶者的情感和关系。

二、茶文化在现代社会生活中的功能

伴随着我国现代化进程的加快，在很多方面，现代社会已经表现出和传统社会非常不同的特征，这一点在茶的领域也十分明显。影响茶文化形成和发展的诸多因素都发生了变化，茶文化的物质层面、行为层面在现代化的进程中，出现了各个领域的现代化特征，即使观念层面也在与新的价值取向冲撞的过程中出现自我改造，这一时期的茶文化和以往社会中特征相对稳定的茶文化有所区别，其功能主要表现为以下几个方面：

（一）经济功能

1. 提高茶产品的文化含量，增加其附加值

文化附加值，是产品实体之外的附加因素，它利用大众的某种文化心理，借助与之契合的人、事、物，给自己的产品定性定位，从而提高产品的价值，增加产品的文化色彩。产品是暂时的，文化是永恒的。茶虽然是一种饮料，但由于文化底蕴的存在，其产品附加值要大于其他同类产品，如在福建举行的乌龙茶茶王赛评出的"茶王"拍卖时，100 克茶叶可卖到几万元乃至十几万元的价钱。

茶是一种物质产品，但茶文化的存在，使人们在消费茶叶的同时感觉是在消费一种文化，得到心灵的满足、美感的享受，因而愿意付出更多的金钱购买。

2. 促销功能

茶叶是一种消费品，能满足人们的需要。根据马斯洛的需求理论，人类

的需要按其强度不同可依次排列为五个等级层次，即生理需要、安全需要、归属与爱的需要、尊重需要、自我实现需要。当人们的基本生理需要都尚未得到满足时，是不会注意消费的文化品位的。

但随着经济的发展和消费水平的提高，人们的基本生理需求得到满足以后，心理需求所占的比重就会大大提高，人们注重的不再仅仅是商品的物质价值和价格，更多注重的是商品的文化价值。茶文化的存在使茶在实用功能上增加了心理功能，它能满足人们的审美要求，或者能体现消费者的个人身份和地位，因而能促进茶叶的消费。

（二）社会功能

在传统农业社会中，精英阶层的价值观念与教养训练常强调内在修养与自我抑制，以减少与他人或外物的冲突。传统的中国知识分子相当强调"虚静"（收敛内聚）。因此，在农业社会的茶文化中，饮茶的过程又被赋予完善内在人格、修身养性的功能。传统的茶文化精神体现的是茶"冲淡闲洁，韵高致静"的特征。生活在现代工业社会的人，重视外在的行动与作为，尤胜于内在的沉思与冥想。他们讲求快速行动，以把握时机和追求效率。现代都市的茶艺馆接待的相当一部分消费者是商务人员，他们选择茶艺馆主要是作为商务洽谈的场所。与以往相比，人们喝茶而进行冥想思考的频率降低了，即使喝茶也可能是有目的的外在行动。

再有，在传统社会中，强调维护家族内部和谐和与他人维持和谐良好的关系。这一点应用于茶文化的社会功能就表现为民众生活的以茶敬客、以茶敦亲，不少流传下来的茶俗就是将茶作为和睦亲友的载体，在现代社会人们的社会取向相对弱化，个人取向逐步增强，家族和他人对个体的影响降低，人们喝茶用以亲睦亲友的目的让位于喝茶以保健、益智、休闲，参与茶文化活动以放松娱乐。

（三）审美功能

中国的审美观点认为，味觉具有审美感知功能，甚至美感能够源于味觉。中国人的味觉发达，酒文化、茶文化、烹饪艺术历史悠久，影响深远。中国人对美的认知总是同生活必然联系起来，对美的把握离不开人的"知觉""顿悟""神会"，认识美、领略美不独依靠个别器官，更重要的是依赖五官的协调整合和通感、中国人的这种审美习惯不仅促成茶叶的自然口味演化为文化口味，而且造就了中国人对茶的评价讲究外形、香气、汤色、滋味多重因素综合的习惯。中国人的这种审美习惯的养成有其生物基础，也有数千年历史的积淀，具有相对稳定性。

因此，即使在现代社会，人们认识茶叶也仍会从潜意识里服从感官直觉、想象，会不自觉地接受古代关于茶的品质、茶与人生、茶与宇宙观念的很多看法，而且这一现象还将在相当长的时间内存在。如果一体两面地看待这个问题，那么它的好处就在于为现代人自然地继承传统茶文化的优秀部分提供了可能，而不在于它可能从某种程度上妨碍人们接受用理性、客观、实践检验的方式认识茶叶和茶文化。

三、茶文化对德育的导向功能

大自然每个物种都有其习性，茶亦有茶性，首先从茶的成长来看，茶有不迁不移的习性，这符合中国人的民族情结，叶落归根。茶的自然本性本身就是一种爱国主义民族情感的教育。茶叶是天涵地载人育的灵芽，其天然性质为清纯、淡雅、质朴。陆羽《茶经》指出："茶之性俭。"俭，也蕴含了中华民族的传统美德，茶崇俭，也就是倡导勤俭、朴实、清廉的个人思想品德与社会道德风尚。以茶崇俭、以俭育德，既是中国茶道精神的精义，也是茶文化关于人的人生价值的重要思想内容。

唐人元稹写的一首茶诗："茶。香叶，嫩芽。慕诗客，爱僧家。碾雕白玉，罗织红纱。铫煎黄蕊色，碗转曲尘花。夜后邀陪明月，晨前命对朝霞。洗尽古今人不倦，将至醉后岂堪夸。"短短 55 个字，从茶的自然性状、茶碾茶罗、煎煮过程、饮茶情趣等全面作了咏唱，在这可以看出茶在诗人心中的地位。

茶在守操、养廉、雅志等方面的作用被历代茶人所崇尚。陆羽在《茶经》

中追述了自神农至唐代诸多有关饮茶的名人轶事，其中不乏以茶崇俭的例子。如齐国的宰相晏婴以茶为廉，他吃的是糙米饭，除少量荤菜，只有茶而已。晋代的陆纳以茶待客，反对铺张，不让他人玷污了自己俭朴的清名。桓温以茶示俭，宴客只用七盘茶和果来招待。齐武帝在遗诏中说他死后，只要供上茶与饼果，而不用牺牲，并要求天下人无论贵贱，都按照这种方式去做。以茶崇俭、以俭育德，茶是人们寄托感情的媒介，也是历代茶人爱国忧民情结的载体。

茶的本性中有很多是中国传统文化的精髓。从古至今，茶从最初的药用到生活中的享用，由提神醒脑的天然功用到致清导和的精神作用，由自然的茶品到社会的人品，这种渐进的认识、升华过程，不仅表现出了人对自然的认识历程，而且也反映了人与自然高度契合、和谐统一的过程，同时也彰显出人类对真善美的追求过程。

茶性蕴含着茶品。茶品是指人们在对茶的认识中，提炼出来的象征性品貌，陆羽在《茶经》中指出："茶者，南方之嘉木也。"茶被称为嘉木，是因为茶的生长、体型、特色和内质等具有刚强、质朴、清纯和幽静的本性。茶树生长在山野的烂石、砾壤或黄土中，仍不失坚强、幽深；茶叶凝聚阳光雨露的精华，其洁性不可污；茶汤晶莹清澈、清香怡人，给人以智慧和幽雅的韵致。茶品与人品相联系，这些自然的本质特征渗透到人们的生活领域，表现在人对生活的一种理解，延伸到人们的精神世界里，是一种境界。人们的意识形态中的厚重的东西，最初观念的形成，源于茶的自然本性。

茶文化在不同的历史时期提出或阐明了不同的人生价值思想，构成了中国茶文化的核心内容。茶文化是人们在对茶的认识、应用过程中有关物质和精神财富的总和。它的形成和发展，一方面融汇了自然科学与社会科学的丰富知识，人们进一步认识了茶性，了解了自然；另一方面，又融汇了儒、佛、道诸家深刻的哲理，人们通过饮茶，明心净性，增强修养，提高审美情趣，完善人生价值取向，形成了高雅的精神文化，对人的影响极大。

第四节　中国茶文化对日本茶道的影响

一、中国茶文化对日本茶道的影响

日本茶文化深受中国茶文化的影响，并推动了日本茶道的产生与发展。中国的茶及茶文化以佛教为传播途径，通过浙江传入日本。浙江以其得天独厚的地理位置，成为历代重要的进出口岸。从唐代开始一直到元代，来自日本的使节纷纷前往浙江的佛教圣地求学。回国后不仅带去了茶叶种植、制造等技能知识，也把中国传统的茶道精神带回，产生了很大的影响，并在本国发扬光大，形成了具有本国民族特色的艺术形式和精神内涵。

最澄，是众多使节和学问僧中的一员，他与茶文化的传播有着最直接的关系。在最澄之前，就有许多远赴日本传教的僧人，如天宝十三年的鉴真等，他们带去了先进的科学技术和生活习俗，这其中就包含了茶道。贞元二十一年，最澄奉召随遣唐使入唐求法，来到浙江后，他就去天台山研究天台宗，到越州龙兴寺学习密宗，并于第二年八月启程回国。回国的同时，也把天台山的茶种带回了日本，还介绍给了宫廷。后来，茶逐渐得到了皇家宫殿贵族们的喜爱，并随着饮茶人的增多，也在民间流行起来。

在南宋时期，日本文人及学问僧两次访华，这也是中国茶道外传的重要阶段。荣西禅师在回国时不仅带回了众多关于茶道的书籍，还带回了茶种，并栽植于寺院之中，努力地宣传禅宗和茶饮。此外，荣西根据陆羽的《茶经》编写了第一部关于茶道的著作《吃茶养生记》，他认为，"饮茶可以清心，脱俗，明目，长寿，使人高尚。"他将这本书交给镰仓幕府，饮茶之风迅速在上层阶级传播开来，荣西因此被视为日本的"茶祖"。

15世纪时，创立"四铺半草庵茶"的日本著名禅师—休宗规大师的弟子村田珠光，倡导顺应自然、追求质朴的茶风。他认为要想追求茶道就必须达到清心寡欲，将茶道中"享受"的过程转化为"节欲"，这也正体现了禅道中陶冶情操、涵养德行的核心。

武野绍鸥在日本茶道的发展史上起到了承上启下的作用，它继承了村田珠光的理论基础，与自己对茶道的理解相结合并将其拓展。将冷峻枯高的美学风格应用在茶道、茶礼、茶室之中，继承和发扬了村田"草庵茶"的风格，创造了更加简约、实用的"侘茶"（又名"和美茶"）。"侘"本是"孤独""寒碜"和"苦闷"的贬义词，经过武野绍鸥的改造和修饰，赋予了"侘"新的含义，即"正义""虚心""律己""戒骄戒躁"，武野绍鸥将这一理念用于茶道。这一理念具体指：邀三五知己，久坐于俭朴的茶室中，彼此真诚对待，淡忘世间的尘俗，从而达到物我两忘的超脱境界。

到16世纪时，武野绍鸥的门徒千利休，被称为"茶道天才"，将茶道中"互惠互利"的概念转为千利休茶道，并在大众间流行起来。千利休把日本茶道的特点归结为"和""敬""清""寂"，"和"以行之；"敬"以为质；"清"以居之；"寂"以养志。在他的推广下，日本茶道开始初具规模。

江户时代，由德川家康在江户建立的明治维新持续了二百多年。千利休被迫自杀后，他的二儿子千少庵继承并发展了他的千利休茶道。少庵的儿子千宗旦为了一心钻研茶道而终生没有当官。千宗旦的第三个儿子江岑宗在他去世后，继承了其茶室"不审庵"，并一同开创了"表千家流派"；千宗旦的第四个儿子仙叟宗室也继承了他的"今日庵"，"里千家流派"也由此产生；在武者小路上的官休庵是由他的第二子一翁宗守创立的，并开辟了武士者路流派的茶道。至此，以上三家成为"三千家"，成为日本茶道的榜样与核心。

主流的日本茶道又称"抹茶道"，是由村田珠光奠基，经武野绍鸥发展的。宋元时期到千利休集大成"点茶道"，道的产生起到了一定的影响。当我国的泡茶道开始流行时，这种抹茶道也逐渐开始形成。日本煎茶道在明清泡茶道的影响下，结合自己本国的抹茶道，构成了日本所谓的煎茶。江户时代的日本茶道是最为灿烂辉煌的，在汲取了中国传统茶文化的营养后，形成了具有本民族特征的煎茶道与抹茶道。日本茶道主张人人平等、互敬互爱的精神实质，要求人与自然和谐相处，追求安逸的生活，崇尚礼节。是提高自我修养、丰富自身内涵的有效方法。

20世纪80年代以来，随着中日关系的快速稳步提升，文化交流也日益频繁，日本的茶道文化以其深刻的影响力也开始在中国传播。诸多日本茶人纷纷来到中国进行茶文化上的交流。与此同时，根据现代生活的快节奏，现在的日本茶道对其复杂的形式进行了简化。

二、中日茶道的差异

（一）中日茶道仪式的差异

日本茶道仪式更加注重形式和程序，对服饰和个人的言行举止有较高的要求，而中国的茶道仪式十分的自然随和，在圆润之中融入了中国的茶道文化，重视饮茶的价值和意义。二者之间的差异主要就是主体的不同，中国茶道文化的主体是人，而日本茶道文化的主体则是茶文化，受到茶文化的影响使得饮茶流于形式。并且二者之间的差异还体现在音乐伴奏上，由于日本茶道仪式当中想要营造出肃穆的氛围，所以没有音乐伴奏；中国的茶道与文人雅士饮酒有一定的相通之处，在饮茶的时候伴有轻缓的丝竹之声，宾客在这样的环境当中品尝佳茗，相互间轻声交谈，将茶的作用发挥出来。

（二）中日茶文化中茶道理念的差异

1. 中国茶文化中的茶道理念

中国的茶文化将人的人生意义融入其中，经过不断的演变，具有了一定的精神价值，含有较强的生命力，在中国古代，饮茶是文化雅士生活中不可分割的一部分，随着时间的推移逐渐走进平民百姓当中，所以具有文化喻义。茶作为文化符号的象征之一，在东方文化当中体现出了独特的诗性。从中国茶文化诞生开始，就在不断发展的过程中融入了儒家、佛家和道家的思想，体现出了茶的精神气质。在饮茶当中融入儒家思想，将以茶修德的理念体现出来，不仅能够自省还能够雅志。而融入佛教思想，更加重视修身养性和精心雅志；融入道家思想，更加推崇自然这种精神境界，三种思想理念的结合就能够将中国茶文化的自然朴实、和谐融通的意境和精神气质表现出来。而中国茶道文化是以人为中心，追求修身养性，不断陶冶自身的情操，将人格中的清净和恬淡融入茶道理念当中，达到升华自我的目的。

2．日本茶文化中的茶道理念

日本的茶文化在中国唐朝时期形成，主要由中国传入，受到日本社会各个阶层的喜爱，并且随着历史的推移融入了新的元素，形成了现代的日本茶道。日本的茶道精神主要体现在独坐观念，重点强调"和""敬"二字，起到调节人际关系的目的；还强调"清""寂"二字，营造出幽静的饮茶环境，让人在清雅之中放松身心，达到享受的目的。日本的茶道之中还有"一七则"，需要在泡茶之前准备好茶和炭，保证茶室内的温度，并且还要保证室内的环境优美等。

3．中日茶道理念的差异

中国茶文化中的茶道理念受到儒家、佛家和道家三家思想精华的影响能够起到修身养性、陶冶情操的目的，而日本茶道受到宗教的影响，十分重视规矩，程序十分严格烦琐，饮茶的环境肃穆而严谨，与中国茶道文化相悖。中国茶道中蕴含着精神情怀，饮茶的过程正是一种生命吟唱的过程，有朴素而淡泊的人生追求，日本的茶道受到佛教影响较深，因此蕴含浓厚的宗教信仰色彩，饮茶的核心就是禅。

三、中日茶道点茶法的区别

日本茶道的点茶法一般分为秘传和非秘传两种点茶方法。

非秘传的点茶法是茶道点茶法中最基本的内容，现在都已经以教科书的形式公之于众了，悟性高的人依据这些教材或可无师自通地学到一些最基本的点茶知识。但秘传点茶法则要通过亲口教授才可学得到，它不单纯是一些点茶的技巧，包含的内容相当广泛，因属于不可形诸文字的内容，欲知其详者便只有亲自去修习了。下面简单介绍一下日本茶道点茶法与中国茶道及今天流行的茶艺的饮茶法的不同。

日本茶道点茶法与中国茶道及当前流行的茶艺的饮茶法的最大区别，就在于点茶时对待主客的要求不同。中国茶道与日本茶道都很讲究饮茶用的茶、水、火，而且中国茶书的记载比日本的更加细致周详。在这方面，无论是唐代如苏广著的《十六汤品》、张又新的《煎茶水记》，还是明代如钱春年的《制茶新谱》、田艺衡的《煮泉小品》等都是很好的例证。详细阅读这些茶书就不难发现，中国茶道的点茶好坏几乎全是受主人一人的技术好坏来左右的，根本无须客人的配合。也就是说，只要主人通晓了"选茶、汲水、用炭"的技巧，就一定可以点好一碗可口的茶了，而客人只是一个被动的喝茶者。中国现存茶书几乎没有对客人的做法提出什么要求。近几年来，中国大陆台湾海峡两岸茶人频频联合举办"无我"茶会，将"无我"作为中国茶道对心境的最高追求。"无我"茶会的氛围的确很浓，但茶会的做法也是要求主人自我严加修炼，对客人几无要求，给人一种"无我也不求他"的感觉。

与之相对，日本茶道不但要求主人刻苦修习点茶法等，而且要求客人也必须同样刻苦修习。要想举办一次成功的茶事，点一碗可口的茶，就必须修炼得能够熟练调整火候、水温使其达到最佳状态；而要想将火候、水温调整到最佳状态，光靠主人一人的努力是不够的，必须得有客人的配合，即靠主客共同努力和心心相印的合作方可。千利休说，"茶之汤这个名字的意义就在于它第一追求的就是茶和汤的相应。能够根据前席的火候和后席的水温决定何时入席的客人，方是得道的客人；能够根据客人的修为恰到好处地调整火候、水温的主人，方为得道的主人。切记，茶之汤这个名字，是蕴含着很深的道理的"，"客人要根据火候和水温确定进入露地的时机"，"若客人修习欠佳，有时会导致火候变得相当坏"，这样自然也就无法点出一碗可口的茶了。如上所述，日本茶道文献中的记述往往不是单纯地对主人提出要求，同时也是对客人的要求。这是因为，日本茶道的茶事所追求的最高境界是——"宾主一如、宾主历然"，即既无宾主之分且又宾主分明的境界。

第三章　中国茶道文化

第一节　中国茶道概述

一、中国茶道的内涵

中国茶道兴于唐，盛于宋、明，衰于近代。宋代以后，中国茶道传入日本、朝鲜，获得了新的发展。今人往往只知有日本茶道，却对作为日、韩茶道的源头、具有多年历史的中国茶道知之甚少。"道"这个字，在汉语中有多种意思，如行道、道路、道义、道理、道德、方法、技艺、规律、真理、终极实在、宇宙本体、生命本源等。因"道"的多义，故人们对"茶道"的理解也"仁者见仁，智者见智"，莫衷一是。

中国茶道是"饮茶之道""饮茶修道""饮茶即道"的有机结合。"饮茶之道"是指饮茶的艺术，"道"在此为方法、技艺之义；"饮茶修道"是指通过饮茶艺术来尊礼、正心、修身、志道、立德，"道"在此作道德、真理、本源讲；"饮茶即道"是指道存在于日常生活之中，饮茶即是修道，茶即是道，"道"在此做真理、实在、本体、本源讲。

（一）饮茶之道

关于饮茶之道，在古书中有很多记载。唐人封演的《封氏闻见记》卷六"饮茶"记载："楚人陆鸿渐为茶论，说茶之功效并煎茶炙茶之法，造茶具二十四式以都统笼贮之，远近倾慕，好事者家藏一副。有常伯熊者，又因鸿渐之论广润色之，于是茶道大行，王公朝士无不饮者。"

陆羽，字鸿渐，号桑苎翁，唐代复州竟陵（今湖北天门）人。陆羽著《茶经》，分"一之源、二之具、三之造、四之器、五之煮、六之饮、七之事、八之出、九之略、十之图"十章，在"四之器"中，陆羽叙述了炙茶、煮水、煎茶、饮茶等所用的二十四种器具，即封氏所说"造茶具二十四式"。"五之煮、六之饮"说的是"煎茶炙茶之法",分别对炙茶、碾末、取火、选水、煮水、煎茶、酌茶的程序、规则做了细致的论述。封氏所说的"茶道"就是指陆羽《茶经》倡导的"饮茶之道"。《茶经》不仅是世界上第一部茶学著作,也是第一部茶道著作。

中国茶道约成于中唐之际,陆羽是中国茶道的鼻祖。陆羽《茶经》所倡导的"饮茶之道",实际上是一种艺术性的饮茶,它包括鉴茶、选水、赏器、取火、炙茶、碾末、烧水、煎茶、酌茶、品饮等一系列程序、礼法、规则。中国茶道即"饮茶之道",即饮茶艺术。

中国的"饮茶之道"除《茶经》所载之外,宋代蔡襄的《茶录》、宋徽宗赵佶的《大观茶论》、明代朱权的《茶谱》、钱椿年的《茶谱》、张源的《茶录》、许次纾的《茶疏》等茶书都有许多相关记载。现在的广东潮汕地区、福建武夷地区的"功夫茶",则是中国古代"饮茶之道"的继承和代表。

（二）饮茶修道

陆羽的挚友——诗僧皎然在其《饮茶歌诮崔石使君》诗中写道:"一饮涤昏寐,情思爽朗满天地;再饮清我神,忽如飞雨洒轻尘;三饮便得道,何须苦心破烦恼。此物清高世莫知,世人饮酒多自欺。愁看毕卓瓮间夜,笑向陶潜篱下时。崔侯啜之意不已,狂歌一曲惊人耳。孰知茶道全尔真,唯有丹丘得如此。"皎然认为,饮茶能清神、得道、全真,恐怕只有神仙丹丘子(道家仙人)深谙其中之道。

另外,唐代诗人玉川子卢仝的《走笔谢孟谏议寄新茶》一诗脍炙人口,"七碗茶"流传千古,卢仝也因此与陆羽齐名:唐代诗人钱起《与赵莒茶宴》诗曰:"竹下忘言对紫茶,全胜羽客醉流霞。尘心洗尽兴难尽,一树蝉声片影斜。"唐代诗人温庭筠《西陵道士茶歌》诗中则说"疏香皓齿有余味,更觉鹤心通杳冥"。这些诗是说饮茶能让人"通仙灵""通杳冥""尘心洗尽""羽化登仙",胜于炼丹服药。

唐末刘贞亮认为茶有"十德"之说,"以茶散郁气,以茶驱睡气,以茶养生气,以茶除病气,以茶利礼仁,以茶表敬意,以茶尝滋味,以茶养身体,以茶可行道，以茶可雅志。"饮茶使人恭敬、有礼、仁爱、志雅，可行大道。

宋徽宗赵佶在《大观茶论》中，说茶"祛襟涤滞，致清导和""冲淡闲洁，韵高致静""天下之士，励志清白，竟为闲暇修索之玩"。明代宁献王朱权所著的《茶谱》中记载："予故取烹茶之法，末茶之具，崇新改易，自成一家……乃与客清谈款话，探虚玄而参造化，清心神而出尘表。"赵佶、朱权以他们的高贵身份，撰著茶书，力行茶道，可见饮茶修道之风已深入人心。

由上可知，饮茶能恭敬有礼、仁爱雅志、致清导和、尘心洗尽、得道全真、探虚玄而参造化。总之，饮茶可资修道，中国茶道即是"饮茶修道"。

（三）饮茶即道

老子认为："道法自然"。庄子认为"道"普遍地内化于一切物，"无所不在""无逃乎物"。马祖道一（唐代著名禅师）主张"平常心是道"，其弟子庞蕴居士则说"神通并妙用，运水与搬柴"，其另一弟子大珠慧海禅师则认为修道在于"饥来吃饭，困来即眠"。

"道"离不开日常生活：修道不必于日用平常之事外用工夫，只需于日常生活中无心而为，顺其自然。自然地生活，自然地做事，运水搬柴，着衣吃饭，涤器煮水，煎茶饮茶，道在其中，不修而修。茶禅一味，道就寓于吃茶的日常生活之中，道不用修，吃茶即修道。后世禅门以"吃茶去"作为"机锋""公案"，广泛流传。当代佛学大师赵朴初先生诗曰："空持百千偈，不如吃茶去。"

道法自然，修道在饮茶。大道至简，烧水煎茶，无非是道？饮茶即道，是修道的结果，是悟道后的智慧，是人生的最高境界，是中国茶道的终极追求。顺其自然，无心而为，要饮则饮，从心所欲。不要拘泥于饮茶的程序、礼法、规则，贵在朴素、简单，于自然的饮茶之中默契天真，妙合大道。

二、中国茶道的类别

中国茶道比日本茶道早很多。当今世界广泛流传的种茶、制茶和饮茶习俗，都是由我国向外传播出去的。据推测，中国茶叶传播到国外已有两千多年的历史。约公元 5 世纪南北朝时，我国的茶叶就开始陆续输出至东南亚邻国及亚洲其他地区。805～806 年，日本最澄、海空禅师来我国留学，归国时携回茶籽试种。日本茶道继承并发扬了中国茶道，形成了别具风味的茶道文化。中国茶道主要分为三种：贵族茶道、雅士茶道、禅宗茶道。

（一）贵族茶道

由贡茶而演化为贵族茶道，达官贵人、富商大贾、豪门乡绅于茶、水、火、器无不借权力和金钱求其极致，极尽豪华之能事，装金饰银，脱尽了质朴，其用心在于炫耀权力和富有。达官贵人借茶显示等级秩序，夸示皇家气派。贵族们不仅讲究茶的品质，而且讲究水的品质。为求"真水"，不惜奔波数里，不知浪费多少人力物力。不必诗词歌赋、琴棋书画，但一要贵，有地位；二要富，有万贯家私。"精茶、真水、活火、妙器"，无不求其"高品位"，用"权力"和"金钱"以达到夸示富贵之目的。

贵族茶道有很多违情悖理的地方，但因为有深刻的文化背景，这一茶道成为重要流派香火绵延，我们不得不承认其存在价值。作为茶道应有一定仪式或程序，贵族茶道走出宫门在较为广泛的上层社会流传，其富贵气主要体现在程序上，其变种即源于明清至今仍在流传的闽潮功夫茶。

（二）雅士茶道

中国古代的"士"和茶有不解之缘，可以说，没有古代的士便无中国茶道。此处所说的"士"是已久仕的士，即已谋取功名捞得一官半职者，或官或吏，那些笃实好学但囊空如洗的寒士不在此列。中国的"士"，就是知识分子，士在中国要有所作为，就得"入仕"。荣登金榜则成龙成凤，名落孙山则如同草芥。因为只有先得温饱，方能吟诗作赋并参悟茶道。中国文人嗜茶由来已久，尤其是唐以后，凡著名文人不嗜茶者几乎没有，不仅品饮，而且咏之以诗。唐代写茶诗最多的是白居易、皮日休、杜牧，还有李白、杜甫，陆羽、卢金、孟浩然、刘禹锡、陆龟蒙等；宋代写茶诗最多的是梅尧臣、苏东坡、陆游，还有欧阳修、蔡襄、苏辙、黄庭坚、秦观、杨万里、范成大等。

雅士茶道是已成大气候的中国茶道流派。雅士茶道讲究文雅，雅致的环境、精致的茶品、名贵的字画，从客厅设备、装饰、摆设到茶具，无不讲究豪华的排场，摆放中国宋、元时期的水墨画和工艺品，一边品茶，一边欣赏名画，主要意图不再是止渴、消食、提神，而是导引人之精神步入超凡脱俗的境界，于闲情雅致的品茗中悟出一些真谛。茶人之意在乎山水之间，在乎风月之间，在乎诗文之间，希望有所发现，有所寄托，有所忘怀。茶道之"雅"主要体现在以下四个方面：

（1）品茗之趣；（2）茶助诗兴；（3）以茶会友；（4）雅化茶事。

正因为文人的参与，才使茶艺成为一门艺术，成为文化。文人又将这门特殊的艺能与文化、与修养、与教化紧密结合从而形成雅士茶道。受其影响，又形成其他几个流派。所以说是中国的"士"创造了中国茶道，原因就在于此。

（三）禅宗茶道

僧人饮茶历史悠久，因茶利于丛林修持，由"茶之德"生发出禅宗茶道。僧人种茶、制茶、饮茶并研制名茶，为中国茶叶生产的发展、茶学的发展、茶道的形成立下不世之功劳。日本茶道基本上归属禅宗茶道，源于中国，却青出于蓝而胜于蓝。

明代乐纯著《雪庵清史》并列居士"清课"，有"焚香、煮茗、习静、寻僧、奉佛、参禅、说法、作佛事、翻经、忏悔、放生……""煮茗"居第二，竟列于"奉佛""参禅"之前，这足以证明"茶佛一味"的说法是千真万确的。僧人为何嗜茶，其茶道生发于茶之德。佛教认为"茶有三德"，坐禅时，通夜不眠；满腹时，帮助消化；茶还可抑制性欲。这三条是经验之谈。释氏学说传入中国成为独具特色的禅宗，禅宗和尚、居士日常修持之法就是坐禅，要求静坐、敛心，达到身心"轻安"，观照"明净"。饮茶能让人清心寡欲，正符合佛教的教义。所以，在禅宗茶道中，不讲究茶室的豪华、气派，而是讲究"静寂"的氛围，这与日本茶道到有相同之处，但却没有达到日本茶道"空寂"的境界。

第二节　中国茶道的历史发展

一、中国茶道文化的发源与成长

"神农尝百草，日遇七十二毒，得茶而解之"，茶叶从发现始作药用已逾 3000 余年。汉代司马相如的《凡将篇》，将茶列为 20 种药物之一。华佗的《食论》和壶居士的《食忌》中都有茶的药理记述。《晏子春秋》中记载："婴相齐景公时，食脱粟之饭，炙三弋五卵，茗菜而已。"说明晏婴将茶做菜食用。晋代郭璞《尔雅》中论茶"树小如栀子，可煮羹饮。"《晋书》记载："吴人采茶煮之，曰茗粥。"

《华阳国志》记："武王既克殷、六畜、桑蚕、茶、蜜……皆纳贡之"，纳贡之茶，为晒干保存之茶叶。因此，茶叶作药用始于神农时代，茶叶利用始由生煮羹饮到制饼晒干贮藏。时间约为神农时代至晋代时期。

神农时代为新石器农耕时期，此时正是图腾及各种巫术礼仪活动鼎盛时期。茶叶作为当时发现的具有众多解毒功效的神奇药料，很有可能被用作各种"装饰"或祭物。

伴随着这些巫术礼仪活动，宗教、艺术、审美等意识活动尽管并未独立或分化，但都潜藏于巫术礼仪之中。在巫术活动中，人类不自觉地把宗教、艺术、审美感受等意识活动通过巫术礼仪表达出来。将具有众多药效的茶叶用作"装饰"或祭物，极可能是选用当时人类实践证明药效最好、外形较美观的茶叶。

随着巫术礼仪活动的发展，原始图腾歌舞应运而生。图腾歌舞出于继神人同一的龙凤图腾之后的英雄崇拜和祖先崇拜。随后，图腾歌舞分化为诗、歌、舞、乐和神话传说，各自取得了独立的性格和不同的发展道路。茶叶作为"装饰"或祭物，同时经历由追求色彩美丽、图样写实演变成图样抽象、从形到线的意识活动过程。

经过尧舜禹到夏商周的"传子不传贤"，意识形态领域以"礼"为旗号，以祖先祭祀为核心的浓厚宗教性质的巫史文化开始了。殷墟甲骨卜辞显示，当时每天都要占卜，如卜禾、卜年、卜雨、治病等。巫师是当时社会的精神领袖。当时青铜器的纹样已演化为祭祀礼仪的符号标记，极像牛头纹。象征着神秘、恐怖和无限的威力，呈现出一种狞厉的美。

　　到了春秋战国时期，由于社会变革，无神论思潮成风。青铜纹饰加入了现实生活和人间趣味内容，如宴饮、水陆攻战、采桑、狩猎、女子歌舞、伴乐奏等纹饰。意识形态领域，以孔子为代表的儒家思想应运而生。孔孟的儒家理性主义思想自此渗透到茶文化领域，此时茶叶利用已发展至生煮羹饮阶段，茶叶作为一种清淡、质朴的"茗菜"，以略有苦涩味调和各种食物的风味，加之茶叶具有解毒功效。比较迎合儒家崇尚廉俭、清简、朴实、和美、协调的思想，因而得以流传开来。

　　到了秦汉时期，儒家理性主义思想在北中国大行其道，祭神变为抒情、说理，情理结合，以理节情，不追求强烈的刺激，而重在生活情调的熏染。而中国南部由于原始氏族社会结构有更多的保留和残存，依旧强有力地保持和发展着绚丽的远古传统。意识形态领域仍弥漫在一片奇异想象和炽热情感的图腾——神话世界之中。自由而浪漫，充满原始的活力，狂放的意绪，无羁的想象，这种楚汉浪漫主义与儒家理性主义在秦与西汉时期并存于世，两者相辅相成，共同影响这一时期的中国文化。西汉时期，汉武帝"罢黜百家，独尊儒术"的变革，将儒家理性主义精神日渐濡染浸入文艺领域和人们观念中。到了汉顺帝时，道教兴起，人们向往长生不死、羽化飞升的神仙境界，强调人与自然融为一体、顺乎自然，追求热烈奔放的情感抒发和独特个性的表达，儒道结合，意识形态领域表现为愉快、乐观、积极、开朗，人间生活情趣不因向往神仙世界而零落凋谢，相反却生机蓬勃，即使神仙境界也充满人间情趣。茶叶作为成仙的灵药，被道士们重视并有目的地进行栽培。

　　三国及两晋时期，政治、经济、哲学、宗教都经历了不同程度的转折，等级森严的门阀士族阶级占据历史舞台的中心，地主阶级的世界观人生观居于统治地位。法家、道家、儒家、佛家、玄学同时并存，文化思想自由开放，百家争鸣。人类已认识到鬼神迷信，宿命、经术等规范都是假的，人总是要死的，人生及时行乐被大肆宣扬，"竹林七贤"成了理想人物，无限可能潜在性的精神、格调、风貌，成了这一时期哲学中的无的主题（无为而无不为）和艺术中的美的典范。茶之为饮，与士大夫、文人墨客、道士们的崇尚清谈、鄙弃实务之风相得益彰。西晋杜育《荈赋》记，采茶初秋，水中漂洗，放在东瓯产的陶瓷器上，用匏去盛岷江之水，像公刘（周之先祖）那样煮茶，整个过程虽是生煮饮，在文人学士看来，甚为儒雅，松下泉边，当炉煮茶，有超凡脱俗，仙风道骨之感。从这套生煮羹饮程序看，当时煮茶有一定的规范，说明中国茶艺的雏形已经形成。生煮羹饮无种茶、制茶，采茶 — 洗茶 — 置具 — 置水 — 煮茶 — 欣赏茶这一程序，为后来的茶艺打下了基础。

随着时代延续，饮茶之人日渐增多，促使茶叶进行初加工以满足饮茶不时之需。茶叶制作可表示为：采茶 — 洗茶 — 拌米饭 — 捣烂 — 制成饼状 — 晾干或烘干。其饮用过程可表示为：炙茶 — 捣末 — 置具 — 置茶 — 加葱姜 — 冲泡 — 饮茶。生煮羹饮的茶艺转变成制饼、炙茶、捣末、加料、冲泡的泡饮茶艺。

自东汉传入我国的佛教，历经两晋南北朝的发展，于唐代以前已达到相当水平。佛教戒酒倡茶，以茶破睡坐禅，有力地推动了茶叶的生产和茶文化发展。僧人大量栽植茶叶，随处煮饮，世人争相仿效。发展至唐代，茶叶已不再是皇帝、宫廷、士大夫、文人学士、僧道信徒们的专用品或奢侈品，而在民间发展普及，市售大碗茶，不问道俗，投钱取饮。自此，茶文化走向成熟阶段。

二、中国茶道文化的发展

自南北朝以来，儒道佛互相攻击之后，至唐代逐渐协调共存，彼此渗透。意识形态领域注重描绘人间现实生活，禅宗可以不要一切宗教教义和仪式，不必出家，不必自我牺牲，只在日常生活中保持一种超脱的心灵境界就是成佛。佛教在唐代大行其道，压倒其他宗派，禅助茶兴，茶助禅成。茶叶生产和茶文化发展就是在这种儒、道、佛思想融于一体，诗歌重意兴、神韵、趣味，追求人间现实情趣的审美感受的情形下进行的。陆羽总结前人经验，出身禅门，从道家隐士邹夫子学，与士大夫李齐物、颜真卿等交往，博采儒道佛三家之长，撰《茶经》，把中国茶文化推向一个新的台阶。自此以后，文人学士争以品茶、咏茶、书茶为风流儒雅，僧家以施茶结缘，道士以茶养性。

宋代茶业继续发展，茶叶采制追求更为精致，精致的龙凤团茶就是一个代表。宋人寄情山水，大兴斗茶之风，促使福建建窑兔毫盏取代了唐代越瓷茶碗。文人学士以品茗为乐，以茶写诗作画，将茶文化推向更深更广的程度。为了适应民间对饮茶的需求，也为了饮用方便，宋时茶叶逐渐由团饼向散茶过渡。至元时，散茶已取代团饼居于主导地位。泡茶技艺也由过去的碾末泡饮变为直接泡饮。自此，茶艺进入新的转变时期。

三、中国茶道文化的转变

明代以后，文艺从浪漫主义的美学观点转向提倡反映民间生活情趣，提倡讲真心话。重视情节的曲折和细节的手富，没有远大思想和深刻的内容，仅供消闲取悦。到了清代，汉人国破的凄凉，使思想解放的浪漫主义变为感伤主义和批判现实主义，并出现复古主义和禁欲主义思潮，审美趣味让位于实用和市场价值，美学发展受到极大挫折。经过民国至中华人民共和国成立，美学、文艺才得以恢复和发展。今天，随着改革开放，外族文化大量传入我国，中华传统文化与外国文化的渗透融合，使美学、文艺进入了一个新的发展时期。

明代茶业生产以散茶为主，蒸青变炒青，六大茶类相继出现。紫砂壶的兴起，使茶艺发生了根本转变。茶由煮饮变为冲泡，过去的以罗筛茶、磨茶等复杂茶艺变为简单的直接冲泡。明张源《茶录》记："今时制茶，不假罗磨，全具元体……泡法，探汤纯熟，便取起，先注少许壶中。祛荡冷气，倾出。然后投茶，茶多寡宜酌……稍候茶水冲和，然后分酾布饮，酾不宜早，饮不宜迟……饮茶以客少为贵，客众而喧，喧则雅趣尽矣……茶道，造时精，藏时燥，泡时洁、清、燥，洁，茶道尽矣。"此饮茶之法与今乌龙极为相似，而对饮茶人的素质则无所要求。

明清之际，文人学士争相事茶、辨茶，把茶文化推到又一个历史高度。茶学借助此风，发展到了一个新阶段。各种散茶纷纷兴起，名茶辈出。烹点茶叶成了人们的一大嗜好。文人学士以不懂茶道为耻，即便当时的女流之辈，也热于茶道。随着茶道的大众化，茶艺进一步简化，变为今天的实用泡茶法了。

第三节　中国茶道文化

一、中国文化传统孕育下的中国茶道

关于中国文化传统的内容及其特征的讨论，可谓汗牛充栋，因为中国文化传统是流动的、生生不息的，所以对中国文化传统的认识永远不会停止。中国文化传统的总体结构是"一体两用"，即以儒释道一体为骨架，中医和茶道构成其两翼，这两翼是儒释道之体的巧妙运用和成功渗透。对传统中国人来说，中医医身、茶道修心，身心和合及其价值追求都体现在儒释道一体的学统上。早在魏晋之时，三教合流的倾向就已经出现，隋唐产生了众多三教合流的文化成果，如建筑风格、学术教义、生活样式等，中国茶道就是隋唐文化的代表性的产物。

郝爵行在《证俗文》中提到："考茗饮之法始于汉末，而已萌芽于前汉，然其饮法未闻，或曰为饼咀食之，逮东汉末蜀吴之人始造茗饮。"这是有关中国人将"茶事"作为生活中的一个重要事件的较早记载。此时，茶事已经脱离初期的药用、食用阶段，进入到饮用阶段。即便进入饮用阶段，饮用方式也在不断变化，隋唐时的煎茶（煮茶时要添加一些佐料，如盐、香料等），宋代的点茶（茶要烘烤并碾成粉末，倒入热汤时还要不断搅拌），明代时放

弃饼茶、团茶改用散茶，出现了泡茶这样的饮法，这种饮用方式能够完好地再现茶的本味、茶汤的本色，因而大为流行并一直沿用至今。我国南方少数民族地区，如云南、四川、贵州、湖南等地还留有食用式饮茶法。宋代的抹茶和点茶法传入朝鲜和日本，成为他们的代表性文化传统，在中国大陆地区则因泡茶法的一统天下而被遗忘。

"茶"原本有多个同义字，包括"荼、槚、茗、蔎、荈"等，最后统一定为"茶"字，根本原因是"茶"的字形最接近中国文化传统所设定的天地人关系的构想。"茶"，"其字，或从草，或从木，或草木并"（陆羽《茶经》），其义为"人在草木间"。苍天之下，人为万物之灵长，敬天尽地利以利人。茶本为自然界的一种植物，被人发现、采用、加工，茶从万物中脱颖而出，成为人的宠爱；同时，人因茶而获益、满足，茶所集纳的日月精华、水汽凝结和山岳含育均被人进行极大开发，人成为茶的受益者。

至今仍然有学者明确反对"中国茶道"的提法，认为中国只有茶文化（包括茶俗、茶礼、茶艺等事业）、茶产业（包括茶叶生产、制作、贸易等活动），但始终没有发展出系统、严谨的"茶道"。不可否认，中国历史上并不存在完整的茶道理论，也无明确的茶道流派传承，但这只能说明中国茶道有其特殊性。决定是否有茶道的关键，是有无对茶事活动所内含的精神性价值（与人相关）和思想性价值（与知识相关）做出有意识的总结或概括。有无总结是一回事，总结深浅、广窄是另一回事。通过饮茶获得身心安宁、精神愉悦并对此做出思想升华，这显然不再是生理活动，它已经进入自我实现的境地，肯定这一内容就可以视为茶道，关于这方面认识的总结就是茶道研究。将茶的生命比拟人生，将饮茶体悟引向对自然万象、宇宙世代的洞察，并将之理解为天道、真理的具体化，这也可以说是中国传统思想对茶的总体性把握。许多文人、僧人、思想家对此都留下了富有启迪的独特见解、深刻体悟，如陆羽、苏轼、朱熹、周作人、林语堂等文人墨客。茶道广泛存在于文学作品、画作之中，并对中国陶瓷工艺、美学设计等产生了持久的影响。

笔者认为，中国茶道真正形成于宋代而非唐代，其原因在于唐代的饮茶活动还有着浓厚的、与物的深切关联，这直接干扰并降低了有关茶的超越性思考。宋代就所有不同，闲适生活方式的普及和格物致知理论的兴起，为茶道的提出分别提供了现实的和思想的双重铺垫。

从字义上说，茶道意指基于茶自身的性质而淬炼出的精神世界。茶自身的性质首先是它的自然属性和对人身心的益处，在此之上关于茶所展开的情感投射和意识升华，才进入人所创造出的精神世界。人类文明构建了诸多包含信仰、文学、哲学、艺术之内的精神世界，中国文化传统所推崇的精神世界主要体现在乐生、天命、义理等重要领域上，茶道正是以茶为载体，在品茗中以茶说事、以茶喻理、以茶论道。从与中国传统思想的关联角度上看，中国茶道的具体内容可以表达为三个方面：闲、隐、乐。三者统一到人，媒介是茶。"闲"是中国茶道的心理基础；"隐"是中国茶道的社会主张；"乐"是中国茶道的价值追求。就三者的内在关系来讲，"闲"是前提条件，"隐"和"乐"是刻意营造或试图表达的精神状态。

（一）中国茶道文化之"闲"

"闲"在中国文化中有多重含义，负面含义是指不事稼穑、游手好闲；正面的是指从容、优裕、散淡、豁达，正面的含义中既包括品质方面，也包括生活方式。与茶道关联的"闲"显然是指后者，其"闲"就是有工夫，并且肯在茶上下功夫，茶因闲得以成就，闲因茶得以充实。时间上的闲只是一个方面，重要的是心理上、精神上的闲，要点在于一种生活态度，即从容应对，等闲看过苦难沧桑，视荣辱或声誉为身外物，心中只有茶，将我融于茶，将茶化作我。这样的"闲"正是精神成长、自我发掘和自由意志伸张所必备的思想品质，得闲之真谛的人，才会在意向内观照，求取独立的个体我。

（二）中国茶道文化之"隐"

从价值论上说"隐"的消极含义是保全其身，明哲保身；"隐"的积极含义，则是脱俗、淡泊、精俭、洁身自好，这不是被动的退让、逃避，而是在知其不可为或者无力改换他人／社会时，仍然顽强保留自身的处世原则、固守内心的道德底线，这是以一己之力抗争凡俗世界、庸常大众的随波逐流，不做犬儒，放弃世常的名利而求取个人的精神圆满。如范仲淹所言："居庙堂之上则忧其君，处江湖之远则忧其身。"因此，茶道中的"隐"揭示的是茶人饮者在生活、社会中如何立身的大问题，隐后返本，身处闹市求心安，身处高位知进退，隐与显是一对相互依托的对立统一关系，隐后再显的是本真的我，不忘初心，为人处世不忘己任。"隐"要有强大的内心支持才可持久，避喧嚣而处落寞，离繁华而守清贫，这非一般人可为。陆羽在《茶经》里说："茶之为用，味至寒，为饮，最宜精行俭德之人。"他不是说喝茶后，人就自动获得了"精行俭德"，相反，那些本就"精行俭德之人"是最宜饮茶的，即人选择了茶，茶的德行是人的德行之外显，饮者之品性投射到茶这一实物上。禅茶一味也正是从这个意义上立言的，佛家弟子之所以选择茶来解经悟道，其缘由也基于此。

（三）中国茶道文化之"乐"

"乐"是中国文化传统的重要主张，孔子曾言，"智者乐水，仁者乐山"，孟子提出"与民同乐"，《太平经》云："人最善者，莫若常欲乐生，汲汲若渴，乃后可也。"西方哲人提出德福一致，中国文化传统更加倾心于"德乐合一"，如助人为乐、乐于助人、乐善好施，都是将行善、助人与快乐联系在一起。这样的快乐是一种因所认同的价值得到实现而产生的内心愉悦，是一种精神快乐，体现出"众乐乐"般的精神快感。"乐"使中国茶道明显有别于日本茶道。日本茶道生发于佛教寺院，最初由出家人阐发和传承，以后形成的茶道流派"三千家"，也严格维护了师徒授受关系，具有高度的封闭性，因此属于小众文化或雅文化，在其精神内涵上突出的是施茶、吃茶过程中的"和、敬、清、寂"的成分，走向纯粹形式化的理念体悟。中国茶道之乐重申了对此世的投入和对人身处其中境遇的关切，因此，中国茶道具有更加平实的表现形式和更加生活化的现实关怀。无数的历史事件表明，无论身处何种情境下，多数中国人都易于快速接受现状，这与中国茶道乃至中国文化中的乐观主义是分不开的。

二、中国茶道文化中的四境

（一）"和"——中国茶道哲学思想的核心

中国茶道作为我国优秀的传统民族文化之一，它必然植根于儒、佛、道三教所提供的思想、文化沃土之中，吸收融汇了三教的思想精华，如此中国茶道才可能茁壮成长并开出艳丽的艺术之花。

"和"便是儒、佛、道三教共通的哲学思想理念。茶道所追求的"和"源于《周易》中的"保合大和"。"保合大和"的意思是指世间万物皆由阴阳两要素构成，阴阳协调，保全大和之元气以普利万物才是人间正道。陆羽在《茶经》中对此有独到的论述。惜墨如金的陆羽不惜用近二百五十个字来描写他设计的风炉，并指出风炉用铁铸，从"金"；放置在地上，从"土"；炉中烧的木炭，从"木"；木炭燃烧，从"火"；风炉上煮着茶汤，从"水"。煮茶的过程就是"金木水火土"五行相生相克并达到和谐平衡的过程。因此，陆羽在风炉的一足上刻有"体均五行去百疾"七个字。可见保合大和，阴阳调和，五行调和等理念是茶道的哲学基础。

（二）静——中国茶道修习的必由途径

中国茶道是修身养性之道。静是中国茶道修习的必由途径。庄子讲"以虚静推于天地，通于万物，此谓之天乐。"（《庄子·天道》）中国茶道正是通过茶事创造一种宁静的氛围和一个空灵虚静的心境，当茶的清香静静地浸润心田和肺腑的每一个角落时，心灵便在虚静中显得空明，精神便在虚静升华中得到净化，人将在虚静中与大自然融涵玄会，达到天人合一的"天乐"境界。

道家把静视为归根复命之学，天人合一之学，儒家也有相似的主张。宋代大儒程颢在一首诗中讲得最明白。他在《秋日偶成》中写道："闲来无事不从容，睡觉东窗日已红。万物静观皆自得，四时佳兴与人同。道通天地有形外，思入风云变态中。富贵不淫贫贱乐，男儿到此是豪雄。"得一静字，便可洞察万物、道通天地、思入风云、心中常乐，且可成为男儿中之豪雄，足见儒家对"静"也是推崇备至。

道家主静，儒家主静，佛家更主静。我们常说"禅茶一味"。梵语"禅"直译成汉语就是"静虑"之意，即指专心一意、沉思冥想，排除一切干扰，以静坐的方式去领悟佛法真谛。

　　古往今来，无论是文人还是高僧或儒生，都殊途同归地把"静"作为茶道修习的必经大道。因为静则明，静则虚，静可虚怀若谷，静可内敛含藏，静可洞察明澈、体道入微。可以说："欲达茶道通玄境，除却静字无妙法。"

　　（三）怡 —— 中国茶道中茶人的身心享受

　　"怡"有"和悦、愉快"之意。在中国茶道中，"怡"是茶人在从事茶事过程中的身心享受。

　　中国茶道是雅俗共赏之道，它体现于平凡的日常生活之中，不讲形式、不拘一格，突出体现了道家"自恣以适己"的随意性。同时，不同地位、不同信仰、不同文化层次的人对茶道有不同的追求。历史上，王公贵族讲茶道，他们重在"茶之珍"，意在炫耀权势，夸示富贵，附庸风雅；文人学士讲茶道，重在"茶之韵"，意在托物寄怀，激扬文思，交朋结友；佛家讲茶道，重在"茶之德"，意在驱困提神，参禅悟道，见性成佛；道家讲茶道，重在"茶之功"，意在品茗养生，保生尽年，羽化成仙；普通老百姓讲茶道，则重在"茶之味"，意在去腥除腻，涤烦解渴，享受人生。无论什么人，都可以在茶事的过程中取得生理上的快感和精神上的畅适。参与中国茶道，可抚琴歌舞，可吟诗作画，可观月赏花，可论经对弈，可独对山水，亦可以翠娥捧瓯，潜心读《周易》。儒生可"怡情悦性"；羽士可"怡情养生"；僧人可怡然自得。连朱熹那样倡导"存天理，灭人欲"的大理学家，在参与茶道时，也感到"心旷神怡"。中国茶道的这种怡悦性使得它有极广泛的群众基础，这种怡悦性也正是区别于强调"和敬清寂"的日本茶道的根本标志之一。

　　（四）真 —— 中国茶道的终极追求

　　中国人不轻易言"道"，而一旦论道，则必执着于"道"，追求于"真"。"真"是中国茶道的起点，也是中国茶道的终极追求。

　　中国茶道在从事茶事时，所讲究的"真"不仅包括茶应是真茶、真香、真味；

环境最好是真山、真水；挂的字画最好是名家名人真迹；用的器具最好是真竹、真木、真淘、真瓷。此外，还包含了待人要真心，敬客要真情，说话要真诚，心境要真闲。茶事活动的每一个环节都要认真，每一个环节都要求真。

中国茶道所追求的"真"有三重含义：

（1）追求道之真，即通过茶事活动追求对"道"的真切体悟，达到修身养性、品味人生的目的。

（2）追求情之真，即通过品茗述怀，使茶友之间的真情得以发展，达到茶人之间互见真心的境界。

（3）追求性之真，即在品茗过程中，真正放松自己，在无我的境界中去放飞自己的心灵，放逐自己的天性，达到"全性葆真"。"全性葆真"中所说的真，是指生命。"全性保真，不以物累形"（《列子·扬朱》）以及"道之真，以治身"（《庄子·让王》）都是强调一切"道"的真谛都要"贵生""重生""保生"。爱护生命，珍惜生命，让自己的身心更健康、更畅适，让自己的一生过得更真实，做到"日日是好日"，这才是中国茶道的最高追求。

第四节　中国茶道精神

一、中国茶道中的儒家精神

（一）敬人示礼

儒家哲学所体现的茶道是实现仁、礼和修身养性的境界的统一。唐代刘贞德提出茶有十德，即（1）以茶散郁气；（2）以茶驱睡气；（3）以茶养生气；（4）以茶除病气；（5）以茶利礼仁；（6）以茶表敬意；（7）以茶尝滋味；（8）以茶养身体；（9）以茶可行道；（10）以茶可雅志。

可见，刘贞亮不仅提出了茶的自然功效，而且强调了精神性的四德，即以茶利礼仁；以茶表敬意；以茶可雅志；以茶可行道。敬茶作为一种礼节，表示了对别人的尊重以及自己谦逊的绅士风度。无论是孟子的"恭敬之心，礼也"，还是荀子的"故学至乎礼而止矣，夫是之谓道德之极。礼之敬，文也"，都彰显"毋不敬"是礼的精神实质。

茶利仁礼，用茶来表达自己内心的敬意，体现了儒家仁礼思想的核心内涵，以茶事来彰显人们的仁爱之心。礼，是儒家思想的根本。孔子曰："礼之用，和为贵。"儒家思想认为，礼是调整人际关系的行为规范和原则，是一种非常理想的处事状态。礼主要包括两个方面：一是修身，二是待人。人人奉礼思无邪，是儒家思想所追求的。几千年来，在儒家思想的影响下，中国人对礼节非常重视，言谈举止均有相应礼仪，并期冀奉行。深刻的儒家影响，塑造了知礼懂礼的中华"礼仪之邦"，影响了人们生活的各个方面。茶道也是其中之一，国人有敬茶之说，对长辈、亲友都有敬茶礼仪，茶道精神中更是对茶礼讲究到极致，从而促成茶礼的和谐之美。

台湾的林荆南教授将中国茶道精神概括为"美、健、性、伦"四字，即"美律、健康、养性、明伦"，称之为"茶道四义"。其中，"伦"字具有"礼"的含义，"明伦"是儒家的重要思想，深刻影响中国伦理道德的发展。茶之功用，是促进和谐关系的媒介：古代臣民通过上贡茶叶来侍奉君主，君主赏赐茶来表示敬重、倚重大臣；在家庭生活中，有子女媳妇敬父母茶汤，夫妇之间互敬，兄弟之间互敬茶汤；朋友相聚，以茶待客。茶在纲常礼节中的作用，在几千年的历史中，几乎不可替代。

（二）中庸有度

儒家思想主张"中庸"，茶道讲究适度、嗜茶且敬茶。茶道能让人在凡尘中静心，体味清雅，以一种和美、有度的心境来品茶，进而影响人生态度，与儒家思想相通。

茶道的关键在于"度"的把握。执茶事首先要保持心境平和，调节精神状态，不能有偏激极端心理，心境平和了才能进退有序，以礼待人。茶道需要把握度，如焙火温度的掌握，既不能过高，也不能过低，非常讲究火候；茶叶冲泡，在放茶叶时，量也需要仔细斟酌，放多了味道发涩，放少了没有茶韵，需要把握一个恰当的度；饮茶，多了成牛饮，少了则不易体会茶境。

陆羽在《茶经》中对茶事有具体的记录，虽没有非常明确地谈及茶道精神，但对度的掌握在字里行间却非常明显。"有雨不采，晴有云不采""茶之否，存于口诀""一沸不用，三沸太老，而取二沸恰好"，在采茶、论茶、煮茶等方面具体描述，可以看出其对度的重视，而"度"是中庸的一种基本表现形式。

"和"思想的引入。一同品茶、论茶、研习茶道，可以沟通思想，营造和谐氛围，增进友情，品茶可以达到自省、省人的效果。中庸是儒家思想中处理事务的原则和标准，茶道从中庸之道中引入"和"的思想，在儒家思想中，和是谦和，和是恰当。从采茶、制茶、煮茶、泡茶、品茶等茶事活动中，均能发现"和"的痕迹。

（三）修身养性

儒家思想讲究自省、养廉、修身、立德，茶道讲究通过茶事完善自我的人格道德。茶圣吴觉农认为："君子爱茶，因为茶性无邪。"林语堂曾言："茶象征着尘世的纯洁。"大多数知名的茶人，都将品洁高雅看作是茶的内在品质。茶是"饮中君子"，有许多表现：茶性温和，喝茶使人心境平和、保持清醒，喝茶有益身心健康；茶从采摘到烘焙再到烹煮，一整套流程下来，得到清纯飘香的香茗，与人们修身历程相似，所以，有茶德似人德之说。茶带有高洁、清香、优雅的特性。茶最忌污浊，属至清之物。茶道首先主张清心寡欲、六根清静。茶道本身就是一个清心、宁神、高雅的自我调节和修身的过程，是道德的净化，是心境的提升。

儒家结合自身思想，创造以"清"为美的茶道精神，在某种意义上是中国茶道精神的进一步升华。两袖清风、清心寡欲、清于俗尘，均是儒家思想道德的体现。很早以前，茶性的平和、雅洁以及茶道的闲适，就被儒家文人们所注意，并结合儒家的人格理想进行进一步的升华。

宋代文人晁补之曾经在《次韵苏翰林五日扬州古塔寺烹茶》一诗中写道："中和似此茗，受水不易节。"以茶来比喻苏轼高贵中和的品格和气节，即在恶劣的环境中隐忍而不改节操，赞叹其儒家气节。

茶道有养性之说，"养性"是儒家文士饮茶的主要目的，儒家追求的性与茶性类似，但人因深处纷乱事务中，饱受污浊，俗气加身，长期积累下来不仅不能加深修养，还容易迷失自我，失去本来的人格；而茶生于自然，得日月精华滋养，集清灵之气于一身。因此，许多儒家文人通过茶道修身养性；通过茶道洗涤凡尘、清除污垢。以茶引发自身本来的面目，取其高洁清雅的品行，以此醒身自悟、怡养性情。

儒家文人们大多秉持"达则兼济天下，穷则独善其身"的处世观念，一些人因现实问题不能闻达，于是选择归隐田园，一心学儒悟道、练达人格、提升修养。茶道清心、洁净的特点，非常符合文人们淡泊名利、清心寡欲的人格追求，因此，文人们研究茶，研究的是茶道中蕴含的精神、意境，而不是单纯的茶。

二、中国茶道中的道家精神

（一）茶道与"贵生"追求

茶作为精神文化现象肇始于魏晋，最初与道教修炼相结合。在中国古代就有许多人为了长命，兴起了吃"仙"药、求百岁的风气。魏晋时期此风尤盛，茶被道士、羽客喜爱是因其药性。由于金石类药饵危害性渐为人所知，因此人们服药求仙便从金石类向草木、符水类转化。茶则被道教视为饵食。道教羽客认为饮茶是求长生不死、羽化成仙的妙药，在这里茶的功能显然被夸大了。这段时期由于许多文人墨客对玄学的厚爱，玄门羽客也得到推崇，道学和道家因此得到了极快发展。

魏晋时期刮起求仙之风，把茶文化的源头与道教有机地结合在一起。正是因为饮茶带来的口腹功效和精神功效，所以为贵生寻仙所求，茶被道门视为仙药，并在茶事中融进了道门的精神意境。

茶中的芳香油物质对人体是有益的，具有分解脂肪调节神经的药理作用，茶中的生物碱、茶多酚、有机酸，都具有保健药效。所以合理饮茶有助健康是不争的科学事实，但借茶力而至长生不死只不过是美好的愿望，用老子《道德经》的话说"天地尚不能久，而况人乎？"所以，在当今，从茶和养生的关系来讲，饮茶健身正是茶道贵生思想的体现。

（二）茶道中的逍遥、隐逸、寄情自然

老庄思想的核心是道法自然，人们只有顺其自然，才能以无为而无不为。从而引申出了人与天地合二为一，寄情山水的无忧无虑的生活。老庄思想中传达着尊重大自然，微妙、质朴、清淡、高雅的精神追求。老子提倡见素抱朴，少私寡欲，庄子主张法天贵真，淡然无极而众美从之。茶道深受这些理念的影响，使茶文化确立了恬静淡雅的审美趣味。生于天地自然，清新淡雅的茶，浪漫自然，以其朴实的美丽，世界之物莫能与之相比。

茶被隐者喜爱，除了茶本身高洁的自然品性之外，还在于茶和水的关系。茶香借助水的灵气发散出来。为了品到好的茶，古人以求天下名泉来助。陆羽认为山水上，江水中，井水下。人们对茶和水的钟爱就在于其品格，茶和水都亲融于大自然的怀抱，茶生于青山秀谷，水流自深壑岩缝，二者皆远离尘世超凡脱俗。

在茶人那里，茶借水蕴香，水依茶彰冽，茶与水珠联璧合引得古今多少爱茶人为之折腰。无论孔子的见大水必观焉以论水德，还是老子上善若水的比喻，都彰显了以水论理想的心境。在道家看来，水至柔，方能怀山襄堤；壶至空，才能含华纳水。水正是道家"贵柔"思想的物化表征。道家的逍遥、隐逸、崇尚自然、规避乱世的情怀充分体现了中国传统文化中"柔和"的特点。这些特点在茶事中的体现，就是茶道所追求的人们在习茶品茗的过程中与大自然融为一体的境界，去感悟"至虚极，守静笃"。

茶是大自然赠予人类的礼物。"万物并作，吾以观其复"，茶作为一种天然的宝藏，使人们能更加和谐地去品悟人生。无论品饮者是在松间竹下坐，还是在闹市中独辟幽雅茶室，所希冀的都是那份浪漫唯美的意境和洗涤尘埃的心志。

三、茶道"禅机"

唐代禅僧皎然首先提出"茶道"两字。茶事中流传至今的是禅茶一景，当代的佛教徒居士，前任佛教协会的主席赵朴初写过一诗："七碗受至味，一壶得真趣。空持千百偈，不如吃茶去"，密切地表达了茶与禅的关系。千百年来修行者的必经之路——"静"。佛教在茶事中融入了清静的思想，在清寂的环境中参禅悟道，通过茶道来洗雪精神，走近山水却能物我两忘，开释佛家涅槃之道。出家人常说"禅茶一味"，茶道中何以有禅机，还要明了禅和中国的禅宗思想。

"禅"，是印度梵文"禅纳"（Dhyana）的简称，可理解为"静虑""思维修"，是一种古印度教派修习的方式。控制个人内心情绪的起伏和外界欲望的引诱，可以通过"心注一境"的习禅，让修习者的精神集中于指定对象，并以规定的方式进行思考，以达到忘却烦恼，弃恶从善、由痴而智，从"污浊"转换到"清静"，使教徒们从心平气和，身心愉悦安适至顿悟佛理。禅超越言语的思量，在当下的体悟之中。

在印度，佛教只有禅没有禅宗，禅宗是中国佛教的产物。佛教学派形成于南北朝时，目的为修习和研究禅法，以致出现了各种派别。早在隋唐时，我国就有佛教八大宗派，逐渐崭露头角的佛教派之一的禅宗、在其发展过程中最终取代其他各宗的地位，为中国佛教史上流传最久、影响最广的宗派。

茶禅的结合，是由僧人们从日常生活的饮茶之需到以茶供佛敬客，最后形成一整套庄严的茶礼仪式，以致成为不可分割的禅事活动中的一部分。禅茶相依，既是茶自身特有的洁性，也是修行者对佛家运水，心中有佛，佛理在身等思想的体悟。饮茶以荡寐清思，不仅使饮者获口腹之欲，也使人获得平和宁静远离尘世的心境。参禅的体悟是澄心静虑，专注于精进，直指于心性，以求清逸、凝神幽寂，外不迷境，内不迷我，境知无常，于我知无我的佛义，而达空灵寂静、物我两忘、空无所得的佛性。

时至今日，人们在忘却红尘忙里偷闲中给自己心灵一份恬静淡泊，在习茶人柔美曼妙的茶艺中，在茶汤淡而悠远的清香中，去品味人生的真谛，体悟心灵的放飞，享受清寂之美，不失为在浮华尘世中涤荡秽垢、纯净自身的睿智之举。

第四章　日本茶道文化

第一节　日本茶道文化概述

一、日本茶道文化的缘起

日本茶道的"茶"，最初源自中国。对于将"茶"传到日本的第一人，虽然至今未有定论，不过一般认为是日本平安时期的高僧最澄在浙江天台山国庆寺学佛回国时（805年前后）带走了茶叶。随后空海法师将从中国带回的茶种播撒在了京都的高山寺和牧村赤垣，开创了日本种茶史。

日本镰仓时期的荣西禅师在天台山万年寺学法期间，埋头于茶道文化的钻研，回国时（1168年前后），带走大量茶种，并著《吃茶养生记》二卷，从而推动了日本饮茶文化的普及和发展。室町时代中期，村田珠光和一体禅师共同在禅宗茶礼的基础上创制了日本茶道的前身"茶之汤"。其后武野绍鸥将连歌的理念导入茶道，至安土桃山时代（1573～1598年）的千利休，将茶道的发展推向了顶峰。

日本茶道文化是在禅宗的影响下发展起来的，饮茶体现了日本人的审美情趣和道德观念。千利休提倡素朴的"寂静、古雅"以及珍惜一生仅有一次之会的"一期一会"的精神，创立了千利休流草庵风茶法，完成了饮茶向茶道的升华。千利休把茶道宗旨归为"四规七则"。所谓"四规"，即"和敬清寂"，"和敬"是处理人际关系的准则，即出席茶会者人人平等，主客互相尊让；"清寂"是指环境气氛，要以幽雅洁净的环境和古朴的陈设，造成一种空灵静寂的意境，给人的心灵以净化。"七则"主要指接待客人时的准备工作：沏出的茶要顺口好喝，适时添加木炭使热水沸腾，沏出的茶宜冬暖夏凉，花朵的运用宜自然不造作，在规定的时刻内尽快饮完，即使没有下雨亦准备雨具，殷勤待客，赴约要守时。千利休去世之后，他的技艺便由子孙代代相传，产生出表千家、里千家、武者小路千家即所谓的"三千家"。日本茶道有着严密的组织形式，它是通过非常严格、复杂甚至到了烦琐程度的表演形式来实现"四规七则"，缺乏一个宽松、自由的氛围。至此，茶道逐渐渗透到日本各个阶层，并被普通老百姓所接受。

二、日本茶道文化的特征

日本传统文化是日本民族经过漫长的历史，培养、传承下来的信仰、风俗、制度、思想、学问、艺术等，尤其是以此为核心的精神方面的表现。特别像茶道、花道、日本祭祀活动等是典型的传统文化代表。它一方面包括传统及文化的内容，另一方面也包括能够传承下去的现代文化的内容。茶道成为融宗教、哲学、伦理、美学为一体的文化艺术活动，也形成具有日本民族特色的艺术形式和精神内涵，在日本传统文化体系中，占据举足轻重的地位。从一定意义上讲，茶道成为日本传统文化的标志，且其标志性的地位越来越凸显。

同时，茶道在不断发展过程中，对日本传统文化产生了巨大的影响，带动和促进了日本传统文化的发展。简言之，茶道是主人请客人在特殊的茶室内，用心品味抹茶，用身体体会饮茶的礼仪等的一种独特的茶饮文化。在沏茶和品茶过程中，每一细小动作都蕴藏着精神修养的磨炼，交际礼仪的深化，它是把茶和精神世界有机地结合到一起的文化现象。一提到茶道，人们就会联想到茶主人的和服身姿；抹茶茶碗、茶器等各种用具；还有由木、花草、石和砂等建成的庭园、茶室建筑等以及茶室内独特的挂画和装饰物；加之抹茶、日式点心和"怀石料理"及餐具等。它既涉及建筑、艺术、服饰等方面，也关系到饮食文化，属于日本的生活文化范畴。因此，在诸多领域影响颇深的就是茶道，故称作综合文化。日本茶道文化研究会仓泽行洋先生主张：茶道是以深远的哲理为思想背景，综合生活文化，是东方文化之精华；并指出：

"道是通向彻悟人生之路，茶道是至心之路，又是心至茶之路。"茶道在自身不断完善的过程中，渐渐脱离了政治，越发强调其文化的一面。在显现文化特征的同时，也担当起社会体系中的一个重要部分的责任。从这一观点出发，茶道不仅是传统的，也是现代的，是社会发展的必然产物。

三、日本茶道文化

（一）日本茶道的环境文化

茶道文化突出强调茶环境的艺术特性。进行茶事时，茶庭院、茶室、茶具等的布置要具有特色，还要突出其朴实、幽雅、庄重等特点，进而烘托和谐、温馨的气氛。幽深的茶庭院小路、别致的休息亭、天然的水井，营造无尽的环境文化韵味。茶室的精心布置，茶事的每个环节与茶主人彬彬有礼细心周到的服务交织在一起，形成人与物的最佳组合、人与自然的和谐，宛如奏响优美动听的交响乐，令人陶醉和神往。

（二）日本茶道的人文文化

茶道的人文文化充分体现在茶道的感悟性上，其感悟性又体现在品茶的过程中。当茶主人送茶时，客人要回敬"四礼"：一礼是对端茶人的谢意；二礼是对在座长辈、同伴的致谢；三礼是对自己获得饮茶机会的感谢；四礼是对茶主人热情款待的谢意。通过这"四礼"，感悟其中的内涵，这就是感悟性的起点。茶道本身就是让客人在礼仪规范中，体会人间的关爱，享受世间的美好，即"感悟性"的内涵。茶事自始至终洋溢着人文文化的浓烈气息，人们在和睦、幽雅、恬静的氛围中，增进友情、提高文化品位，也为社会的安定、家庭的和睦产生积极的作用。

（三）日本茶道的精神文化

茶道是人们修身养性、交际来往的高品位行为，也是人们陶冶情操、完善人格，达到崇高境界的学习过程。茶事的全过程宛如一个完美的艺术品，宾主仿佛都沉浸在艺术的海洋中，感悟无限的人生哲理和生活乐趣。当举办茶会时，人们欢聚一堂，均抱有"一期一会"（即"每次一会，实为我一生一度之会"）的心态。因此，主人全心全意地接待客人，客人诚心诚意抱着今生难得此次之邀的感激之心、珍重之心，这种主客一体、相敬如宾的接触，就是"一期一会"。这种"一期一会"意味着人们要珍惜时间，认真做好每一件事。

第二节　日本茶道的内涵

一、茶事程序中丰富的文化内涵

茶事，是"和、敬、清、寂"这一日本茶道精神的实践。修习各种点茶法及相关的知识，其最终目的就是做好一次茶事，使主客能够坦诚相待，以茶为媒介进行心灵的交流。举办茶事的程序如下：

一次正规的茶事一般由"前席""席间休息""后席"三部分构成。客人按约定的时间由茶庭进入茶室，先是主客之间礼仪性的寒暄，随后是点炭和为客人奉上怀石料理、茶点心。这是茶事前席的主要内容。客人用完茶点心后退席至茶庭中小憩。客人席间休息时，主人则要迅速重新整理和装饰茶室，一切准备停当后，按照约定好的敲法击铜锣等，通知客人再次入席。席间休息后的茶席，即所谓的"后席"。后席的主要内容是点浓茶、点炭、上茶点心、点淡茶、主客互致感谢离别之礼。

如今，日本料理中最为昂贵的饮食，大概就得说是日本"料亭"中源自茶道的怀石料理。怀石料理中虽也是既有山珍又有海味，但真正的怀石料理是不求奢华的。它要求主人在准备料理时，只需在力所能及的范围内去筹备即可。

日本茶道怀石料理的标准菜谱是"一汁三菜"。除了这一汤三菜，还有米饭、酒和少量的下酒菜。最后上的一道下酒菜，日语称之为"八寸"，它的名字来源于该食器的形状尺寸。"八寸"一般为一个木制带支脚的食器，根据茶事的性质和茶人的个人爱好，偶尔也会有用陶瓷做的，但无论是木质还是用陶瓷制作的"八寸"，因其尺寸都是近乎八寸见方，所以被称作"八寸"。"八寸"中盛的是少量的应季的山珍和海味。若将"八寸"视作一个后天八卦平面图的话，在意味着山的位置摆放的恰好是所谓的山玖，日语称之为"山之幸"；在与艮卦对应的坤卦的位置上摆放的是海味，日语称之为"海之幸"。主客间用"八寸"中的山珍海味互相劝酒时，先是用"海之幸"下酒，然后再用"山之幸"下酒，最后主人将剩余的"海之幸"和"山之幸"聚在八寸中央撤下。主客最后用"八寸"来互相劝酒，这虽是茶道怀石料理中最后的很小的一个步骤，但其意义却很深。日本人历来就存在着"神佛共存的山中净土观"和"海上净土观"这样两种净土观。"八寸"实际上就是日本固有的这两种净土观在茶道中的一种物化。也就是说，主客通过"八寸"这一象征性的食器，便将天地间来自"山中净土"和"海上净土"的神赐之物尽收腹中了。

主客将神赐之物尽收腹中后，接下来便是后席的喝茶。喝茶有浓茶和淡茶两种。最后喝淡茶时，客人都是人手一碗来喝的；但最初喝浓茶时，则是要全体客人共用一个茶碗，并且要依次从茶碗的同一个地方喝三口左右。这个仪式，与中国古代立约时的歃血为盟、神道的喝神水仪式和基督教做弥撒时喝葡萄酒的仪式都是很相近的。无论古今中外，共同饮食都是一个联系人际关系的常用方法。日本自镰仓时代起，日语称作"寄合"的各色人等的集会就很多，包括日本茶道在内的所有日本文化的形成和发展都多得益于此。而且，这种通过集会来促进人际关系的做法，至今仍是日本人较为常用的交际方法。城市乡村的祭祀活动如是，政治家们频频出没于"料亭"中的集会，亦是昔日"寄合"的现代版。

二、和、敬、清、寂的精神内涵

日本茶道既汲取了中国文化的优点，又发扬了日本传统文化的特长。千利休集日本茶道之大成，将日本茶道的精神内涵概括为和、敬、清、寂。"和"，意味着人与人之间的心的调和，"和"不仅强调主人对客人要和气，而且强调客人对主人以及茶事活动也要和谐。"敬"，表示相互承认、相互尊重，并做到上下有别，有礼有节。"清"，借用千利休的话说，即"拂去浮世俗尘"之意。这里的"浮世俗尘"，除了一般意义上的尘埃之外，还应当有心灵的尘埃之意。日本茶道之"清"，汲取和蕴含了禅宗南宗慧能与北宗神秀这两位得道高僧充满禅机的偈语之意。日本茶道的精神内涵最根本的就是"寂"，即寂静之"悟"的境地，"寂"倡导人们要有一颗平常心，谦虚做人，永葆坦荡无私的心。400多年来，和、敬、清、寂，一直是日本茶人的行为准则。日本茶道从"露地""茶室""床间""天井""台"的布置，到"怀石料理"的选择；从茶道仪式过程到人的心境，都贯穿着这种精神，从而形成了日本茶道独特的思想艺术体系。

"茶室"一般都建在山清水秀、树木丛生的幽静之处，其精巧的建筑格局，可以说是日本古建筑技艺的结晶。"茶室"的门洞都很矮小，茶客必须蹲下或弯下腰才能进去。"茶室"布置极为素雅，通常不设窗户，灯光幽暗，气氛肃穆寂寥。"茶室"中崇尚天然的建筑素材，这充分体现了日本人热爱自然的心境。

"茶室"中设置了赋予有各种意义的"床间""天井""臺"等，无一不在显示"茶室"是茶人实施茶道、进行修行的一个主要场所；是切断了与俗世的一切联系，以茶为中心的人茶共乐的空间；是一个人神交会的神圣空间。

在煎茶出现之前的"怀石料理"，要求与茶事相映成趣，茶事主人在准备"怀石料理"时，按照季节的变化精心选择新鲜海产和蔬菜。环境的幽静、菜肴的简单、情趣的雅致、意境的深远，使茶人们在不知不觉中被引入一个超凡脱俗的清静世界，人的火急暴躁之气尽消，多愁善感的心性得到安抚。由此可见，和、敬、清、寂的茶道精髓渗透在茶道的每个环节，贯穿于茶道活动的始终。

三、茶禅一味的本质内涵

自佛教传入后，由于佛教教义的规定及僧侣的生活需要，使禅学与茶结下了不解之缘。苏东坡有诗云："茶笋尽禅味，松杉真法音"，青灯孤寂，明心见性，这就是茶中有禅，茶禅一味的奥妙。弟子曾问千利休："何为茶道？"千利休回答："解渴之用。""茶道之本只不过是：烧水、点茶、喝茶。"看来千利休之语"解渴之用"恰恰道出了茶道的真谛——茶道就是要解决人们的"心灵之渴"。茶道之"本"指的是茶道过程中的"顿悟"，即"禅"。冈仓天心在《说茶》中把茶道概括为："茶道是在细小的生活琐事中悟出伟大这一禅的精神的产物。"

原日本京都大学久松真一教授以禅宗的理论为基础，将日本茶道艺术的本质归纳为：自然、空寂、简约、朴素、自然、脱俗、寂静；物、人、场所三要素，构成了茶道的主题思想。茶禅一味，关键在于"悟"，因茶悟禅，因禅悟心，茶心禅心，心心相印，达到一种涅槃境界。茶在于饮，禅在于参，参禅如品茶，品茶可参禅。茶禅一味，所寄托的正是一种恬淡、清静的茶禅境界，一种古朴、典雅、淡泊的审美情趣。

日本茶道的要义就是要对日常生活加以艺术化，即强调对生活的超越。正如周作人所说的那样："日本茶道有宗教气，超越矣，其源盖本出于禅僧。"日本茶道讲究茶禅一体，并在此基础上追求恬静悠闲的情趣。日本茶道的形成一开始就与禅密切相关。日本禅僧不仅是中国茶的引种者，也是日本茶道的创立者。日本茶道形成的重要人物，如村田珠光、武野绍鸥、千利休等，大多数都对禅宗有较深的研究。村田珠光原本就是一个禅僧，他将禅的精神与饮茶方式相结合，创建了"四叠半茶室"，确立了茶的根本在于"清心"的理论。武野绍鸥不仅学习禅宗，而且在禅宗的教义中制定了茶道的"法度"，成为后人的典范。武野绍鸥的"茶禅一体"、千利休的"和、静、清、寂"等，都是在此基础上的发展。"茶禅同一味，唯在空寂中"，武野绍鸥的这一座右铭证明了茶道的精髓，即和、敬、清、寂与禅的世界观、人生观是相通的。

如此看来，茶道一开始就与禅宗结下了不解之缘。禅宗的"禅"，原意为"静虑"，可见"静"是禅宗的重要宗旨之一。寺院均在幽静的深山，禅僧们过着幽娴自在的生活。禅宗主张生活清静寂寥，避尘世之喧嚣，求丛林之宁静，除人间之烦恼，得心灵之静谧。茶道也汲取了禅宗的这种追求恬静幽闲的性情。茶道的创立者们，无论是武野绍鸥还是千利休，他们都要求在茶会中贯穿幽闲、恬静的意境，要求人们在茶道的仪式过程中寻找和体验禅的那种枯寂的精神。因此，在日本的茶道中，不仅茶室的设置应闹中取静、典雅静谧，而且茶会的气氛也要肃穆安适。人们在百忙之余，悠闲地坐在与尘世相隔绝的茶室中，听着炉子上水沸腾的声音，看着茶师们优雅的点茶姿态，体味着奔波的人生中难得的片刻宁静与休闲，简直是一种高雅的享受。

"禅与茶道的相通之处，在于对事物的纯化。这种纯化，在禅那里是靠对终极实在的把握来完成的，在茶道那里则是靠以茶室内的吃茶为代表的生活艺术而实现的"。日本著名的禅学家铃木大拙的话简洁明了地指出了禅与茶道、生活之间的关系。

日本茶道是一门修身养性、立身处世的人生艺术，是一种生活的智慧。在寂静的氛围中，茶人静静地点茶品茗时，茶禅一味，茶禅一体，天地无限之禅机即涌动于茶人的体内。随着茶事的进行，茶道也在这个过程中渐渐露出其本来面目。这种在时空中进行并一直流动着的艺术，就如舞蹈一般。

第三节　日本茶道的精神

一、茶道四谛 —— 和、敬、清、寂

日本茶道在思想上的特征是最具有日本特征的一部分，和、静、清、寂被作为日本茶道的规范，是日本茶道最重要的思想理念，所以被称为"茶道

四谛"，这四个字要体现于茶事的全过程。由于四谛的内涵与禅息息相关，因此，它的确立也就使茶道变成了一种修行式的"在家禅"。关于和、静、清、寂四谛的产生，普遍认为是由茶道的鼻祖村田珠光提出的。

"珠光翁曰：茶会的旨趣就在于能和、能敬、能清、能寂也。"这四个字缺一不可，每一个字都有各自的特定含义，但将四字统一才能构成一个完整的法则。

（一）和

"以和为贵"是 604 年圣德太子颁布的十七条宪法中开篇的第一句话，这是圣德太子对臣子的一种道德、精神层面的训诫，也是"和"的日本意识出现的开端。这种意识一直作为日本民族的精神核心而存在，在各种文化艺术中都有所体现，日本独特的文化 —— 茶道文化更不例外，它给茶道文化注入了新的、深刻的内涵。

"和"有调和、和悦之意。调和是对外在形式的描述，而和悦是对内在感情的表示，两者结合在一起才能充分表达出支配茶事整个过程的精神，即茶事进行中具体形式的和谐与内心情感的和悦，茶室的氛围就是在这种"和"的作用下建立起来的。在茶事进行的过程中，有触觉上的和、嗅觉上的和、视觉上的和以及听觉上的和，它不仅仅是强调主人对待客人要和气，客人自身与整个茶事活动也要和谐。

具体来说，一只茶碗的好坏不在于它的外形如何，而在于它的手感，一只好的茶碗，客人拿起它时的感觉应该是粗细得当，轻重适宜的。茶室中的香气不能过于浓烈，要轻柔地弥散在茶室之内。透过茶室窗子上白色宣纸的光线也是柔和的、诱人冥想的。风从茶室外老松树的叶片间划过，与茶室内炉子上的茶釜声交相呼应。此时，和谐的环境之"和"与客人、主人的和悦心境之"和"相融合，这便是茶道所表现也是所追求的"和"的境界。

"和"所体现的是禅宗淡泊无为的精神，追求的是参与茶事的人与人之间，乃至人与所有碰触到的器物之间的和谐关系。在茶道形成初期的封建时代，等级观念严重，但在小小的茶室里，无论贫穷贵贱，无论地位高低，都要从小小的门口膝行而入，进入茶室，一切世俗贵贱便都随风而去，这与禅的精神相吻合。禅宗主张以"不生憎爱，亦无取舍，不念利益"的清净本心去体验、了悟"我心即佛"的真谛，从而达到"佛我如一"的"和"境。茶道是禅宗自然观外化的一种艺术形式，是调和人际关系、"以心传心"的艺术手段。

（二）敬

"敬"的思想本源来自禅宗，禅宗主张"我心即佛"，认为在"真如"面前人人都是平等的。茶道不仅吸收了禅宗的这种"心佛平等"观，而且还对此加以不断的提炼和升华，从而形成了"敬"的茶道理念，最能体现这一理念的则是茶道中的"一座建立"。

"一座"是指参加茶事的所有人，"一座建立"是说参加茶事的人地位都是平等的，应当互相尊重、和谐相处。在茶室中，宾主共居于一个无差别、无高低贵贱的位置上，这里的世界是一个互敬互爱的和谐世界，也可以说，"敬"实质是"和"的根源。

丰臣秀吉曾是千利休茶道的尊崇者和庇护者，在千利休举行的一次茶会上，他曾把一首和歌献给千利休，以表自己对茶道的一点看法。其和歌内容如下：唯深舀无底的心泉之水，才谓之茶道。对于狂傲自负视权如命的丰臣秀吉来说，在茶道中能去"深舀心底之水"，可见茶道中"敬"的精神的魅力所在以及对人的影响程度。

日本茶道鼻祖村田珠光曾说："此道最忌狂傲自大、固执己见。妒忌能者、蔑视新手为最劣之行，须请教上者提携新者。"这里的"狂傲自大"与"固执己见"就是"自我主心"与"我执"，这是禅宗力主排斥的"自我"意识。

禅宗认为人的一切杂念和欲望皆源于此，要想成佛，必须超越"自我"，而这种超越的先决条件之一就是"敬"。真正了悟了"敬"的禅意，才能真正进入茶道的世界。

（三）清

"清"是日式心理的一种最典型的表现，也是很受日本人推崇的修养要素。"清"即清洁，有时也有整齐之意，在茶事活动中，对"清"的讲究随处可见。在茶道中被称为"露地"的茶庭中，茶人们要随时泼洒清水，在迎接客人之前，茶人们要仔细擦净茶庭中的树叶和石头。千利休曾说："'露地'是浮世之外之路，是拂却心尘之路。"进入茶室之前，要在茶庭的石制洗手钵前，用勺舀水净手净口，以"净身净心"。茶室里要一尘不染，就连煮水用的炭也要提前洗去浮尘。茶人们就是这样首先通过去除外在的污秽而进一步达到内心的清净的。千利休在他的经典之作《南方录》中说："'茶道'之本意，乃为表清净无垢佛之世界。"由此可见，"清"既是形式与内容上的清洁无垢，同时也是佛理的体现。

（四）寂

"寂"在日语中有"幽雅""古朴"之意，在梵语中是指"和平""静寂"，但是在茶道中，其意更接近"贫寂""单纯""孤绝"等意。

村田珠光曾给弟子讲过一个故事以作教诲：中国唐代诗僧齐己，曾作了一首诗，其中两句为："前林深雪里，昨夜数枝开"，拿给他的朋友看后，朋友建议他将"数枝"改为了"一枝"，齐己采纳了朋友的意见，那位朋友被诗人赞扬为"梅花一字之师"。珠光将这个典故讲给弟子们听，以求让弟子领会"寂"的含义，即"森林深处深雪中一枝梅花开放着"，这便是"寂"之美。由这个小故事可以看出，村田珠光在肯定了"寂"之美的同时，对固有的审美价值也做了一种否定，同时也使固有美的内容更加丰富。

茶人们就是在这种完成了对各种事物的否定之后，才进入了一个"无"的世界的。"本来无一物""无一物中无尽藏"，"无"是包括茶道在内的艺术创作的源头，和、敬、清、寂是由"无"所派生出的四种现象。而作为茶道四谛中的第四个构成要素的"寂"，也是茶道所追求的最终境界，也是四谛的根本所在。

二、禅茶一味

茶道圣典《南方录》开卷"觉书"云："宗易（千利休）曰，小座敷の茶の湯は第一法を以って修行得道する事也。"千利休大弟子山上宗二亦云："茶湯風体禅也（《山上宗二记》）。"意思是说，茶道文化第一要义在于以佛法修行得道，茶道乃禅的化身，即所谓"禅茶一味"，禅的精髓乃悟道，在修禅悟道之中，觉悟人生，悟得人间真谛，以"本来无一物"的精神，以"无相自我"的自觉的无畏之心，挑战人生极限，培养勇猛精进的精神，并将这种精神贯彻到日常生活之中。禅宗重视日常生活的实践，即打扫园林、着衣吃饭，都是禅的修行、佛道的实践。中国百丈怀海禅师（720～814年）就有"一日不作，一日不食"的名言。千利休参禅多年，终得大悟之境地，他在《南方录》中云："汲水、拾薪、烧水、点茶、供佛、施人、自啜、插花、焚香，皆为习佛修行之行为。"

关于"精进"，稻盛和夫（1932～）进一步指出："释迦牟尼认为'精进'非常重要，是达到开悟境界的修行方法之一。"所谓精进，是指努力工作，心无旁骛地投入眼前的工作，是帮助人提升心性与培养人格的最重要、也是最有效的方法，"在日复一日的精进过程中，锻炼自己的灵魂，同时培养出具有深度的人格"。

可以说，整个茶道饮茶程序实为参禅的过程，茶道仪式凝聚着茶人参禅的心得，其中奔流不息的是禅的精神。茶道的目的不在于饮茶，而在于明心见性，领悟人生。在宁静的茶室里无论主客修道才是根本。正如《山上宗二记》中所指出的："因茶道出自禅宗，所以茶人都要修禅，珠光、绍鸥皆如此"，自古茶人皆参禅。茶道鼻祖珠光从一休参禅，武野绍鸥从大林参禅，千利休从古溪参禅，织布从春屋参禅，远州从江月参禅，石州从玉室参禅，茶人的主体在于禅法。日本茶道正是基于茶人无相的自觉，在茶道全盛期创立了独具创意的日本茶道，千利休乃大彻大悟的茶人，他创造了具有开拓性的千利休茶风，并为后人一直传承至今。井伊直弼（1815～1860年）还将茶道理念浓缩为"一期一会""独坐"（《茶汤一会集》），意在让主客从中体悟日常生活的深奥哲理，塑造勇猛精进的人格，茶道修行心悟最重要。所谓"一期一会"，意为：今日大家都在一个茶室中饮茶，但人生无常，不知来日是否还能相聚、相会，光阴如梭，时间不等人，所以要抓紧时间，专注一心，全心投入，敬业乐业，百折不挠，乘风破浪，势如破竹，勇猛向前，此乃禅的精神。正因为世事无常，人生无常，所以要珍惜每一寸光阴，珍惜生命，充实人生，永不停息地开创自我，此乃茶道的根本精神。

三、脱俗与谦卑内敛

日本茶道精神美的根本即在于它的超凡脱俗，千利休在《露地清茶规约》中明确指出："庵内庵外におるて、世事杂话古来禁之。"意指在肃穆的露地、宁静的茶室中，绝对禁止谈论权力、赌博、金钱、美女等俗世之事，更严格禁绝议论别人的坏话，只准谈论风花雪月，草木秋雨等与茶道相关的话题。老子《道德经》第四十六章云："祸莫大于不知足，咎莫大于欲得。"在其看来，五彩缤纷使人眼花缭乱，无节制的贪欲使人行为不轨，人多私多欲，追逐世俗荣华，只会伤生害性，自取败辱，故主张清心寡欲，清心静修。庄子则云："至人无己，神人无功，圣人无名"（《庄子内篇·逍遥游》），意思是说，道德修养高尚的"至人"能够达到忘我的境界，精神世界完全超脱物外的"神人"心中没有功名，思想修养完美的"圣人"从不追求名誉和地位。禅宗也主张清贫主义的生活方式，疏食敝衣，粗茶淡饭。孔子则更有着"清贫乐道"的思想，孔子说"君子食无求饱，居无求安"（《论语·学而》），"饭疏食饮水，曲肱而枕之，乐亦在其中矣"（《论语·述而》），"君子谋道不谋食""忧道不忧贫"（《论语·卫灵公》），并大赞弟子颜回好学不倦的精神品格"一箪食，一瓢饮，在陋巷，人不堪其忧，回也不改其乐"（《论语·雍也》）。因循之，千利休一贯主张"少私寡欲"，他说：

"追求荣华富贵，美味食品，那是俗世之举。家以不漏雨，食无饥苦足矣，此乃佛之教诲，茶道之本意。"

茶道追求"美境"即"脱俗"，鄙薄世俗功名利禄，笑傲王侯权贵，追求"淡泊、清心、明志、宁静、致远"之极其高远的人生境界，这才是茶道精神的根本。

千利休之孙千宗旦（1578～1658年）不应各路大名之请，终身不仕，专心茶道，过着悠悠自适的隐士茶人生活，一生甘于清贫，过枯淡人生，堪称茶道精神的典范。

日本茶道还因循道家光华内敛的人生美德。老子《道德经》曰："光而不耀"，"我有三宝：一曰慈，二曰俭，三曰不敢为天下先。"即不敢自傲，居天下人之先。又云："知其荣，守其辱，为天下谷。"可见老子主张慈爱、俭约、谦卑内敛的人生美德以及虚怀若谷的人生情怀。庄子则以正考父做官为例，教导人们谦卑做人。《庄子杂篇·列御冠》中论道：正考父一任士职，就曲着背；再升大夫，就弯着腰；最后担任卿职时，就俯着身顺着墙走路了。如果是一般的凡夫俗子，一上任士职，就开始自命不凡；再任大夫，便在车上轻狂起来；一旦担任卿职，便自称长者了。庄子认为，"圣人"之德乃不外露，宠辱不惊，始终保持着内心的平和。可见老庄均主张谦卑内敛，节制不奢，低调做人。

茶道因循道家光华内敛的人生美德，并融入茶道的人格规范之中。茶道创始人村田珠光给大弟子一封信《心之文》中即指出："此道最忌自高自大"。为提醒人们谦卑做人，千利休还特别设计了一个高约73厘米、宽约70厘米的茶道小入口，客人如果进入茶室，只能低头屈膝而入，其意在提醒人们谦卑做人，切勿趾高气扬，此乃茶人必备美德，真可谓独具匠心。茶道过程中，茶人往往还会故意在客人面前弄出一点儿小小的"错误"，以免给人自恃其高，好为人师的感觉。以达到大成若缺、大盈若冲、大巧若拙、大辩若讷、大智若愚的美学效果和美学智慧，并且茶道谦卑内敛的伦理美意识某种程度上已融入日本人的人格规范之中了。

日本有句俗语说"不要爱自满的男人"，无论男女，自满、张扬、炫耀，乃至炫富，在日本人看来都是浅薄、教养不高的表现，奢侈浪费则更是极大的犯罪，都是不为日本社会所欢迎，甚至成为讨厌的对象。20世纪初，日本著名学者天心就深刻洞悉到道家思想对日本茶道的深远影响，他在其名著《茶の本》中尖锐地指出："茶道乃道家的化身"，道家的美学、境界、伦理与智慧无不体现于日本茶道文化之中。

由此可见，日本茶道不仅有着深厚的中国文化底蕴，更迸发着浓郁的日本文化气息，它强调以儒学修身，以禅学修道，以道家伦理与美学为追求，以神道哲学为核心，可以说是以饮茶为契机，而建立起来的融宗教、道德、哲学、美学为一体的极具魅力的综合性文化艺术。它使人远离浮躁，生活向上，追求道德与人格的完美。日本茶道处处闪耀着精神美的光芒，伦理美的光辉。因此在日本，是否修习茶道成为日本人文化教养的一个重要标志，成为日本女性出嫁前必修的教养课程。如今在日本，茶道组织遍及全国，茶室、茶庭遍及日本各地，从事茶道活动的人口达五百万之多。茶道已完全融入日本人日常生活之中：作为礼仪教育，茶道成为中小学生课余学习的主要科目；作为一门文化学科的分科，也列入了大学教程；高级白领也会在紧张的工作之余，进入宁静的茶室，修养身心，回复自我，获取明日再战的力量。目前在美国、巴西的一些大学及中国的南开大学、天津商学院等处，茶道被作为一门课程来学习。另外，在世界近30个国家里建有近70个里千家的茶道活动中心。日本茶道已成为世界百花园里一颗清新亮丽之星，绽放出高雅不俗的美丽容颜。

四、一期一会

"一期一会"的概念出自江户末期最大的茶人井伊直弼（1815～1860年）所著的茶论《茶汤一会集》。"一期一会"的含义是：一生只见一次，再不会有第二次相会。这种观点来自佛教的无常观，是茶人们在举行茶事时所抱的心态。

五、独坐观念

"独坐观念"也是出自井伊直弼的《茶汤一会集》。"独坐"指客人走后，主人独自坐在茶室里。"观念"是指"静思"。面对茶釜，独坐茶室，回味此日茶事。茶人此时的心境可以称作"主体的无"——禅的核心。

第四节　日本茶道的传承

一、日本茶道的传承制度——家元制度

在日本，家元制度是保障各类技能尤其是传统工艺技能代代世袭传承的重要制度，亦是对日本社会组织的一种抽象。拥有家元制度这一道统的传承制度亦是日本茶道的特色之一。自明治维新以来，人们对家元制度的评价褒贬不一，直至 20 世纪 70 年代，家元制度大多是被作为典型的"封建遗制"而遭到批判的。西山松之助的《家元的研究》，可以说是当时日本学者研究家元制度成果的集大成，其中不仅记述了日本的家元制度的发展历史，而且对家元制度统率下的利益分配方式等也都有很精辟的分析。但是，首次将家元制度放入比较文化的大视野中考察并认识其文化意义的，则是美国华裔文化人类学家许烺光 1990 年著的《宗族·种姓·俱乐部》。

许氏认为，每个社会中的集团大体都可分为两类：一类是以家庭为代表的"初始集团"；另一类是如军队、政党这样为了某种人为的目的而缔结的"二次集团"，任何社会都有许多二次集团，但其中一种必占主要地位。日本人的二次集团就是家元；中国人的二次集团是"宗族"；印度人的二次集

团是"种姓";美国人的二次集团是"俱乐部"。许氏在其著作中,对日本家元的多重性格进行了很独到的分析。

西山松之助和许氏之后,对家元制度虽有些新评价,但大多尚停留在20世纪六七十年代的水平。如今,人们对家元制度的功过是非仍莫衷一是。但是包括茶道在内的传统文化能有今天这样大的发展,很大程度上是得益于家元制度的存在,这一点是无可非议的。正如西山松之助在其《家元的研究》中所分析的那样,家元制度可以说是日本社会的一个缩影。在家元制度的统率下,各行各业各色人等聚集到一起形成了一个强大的利益集团,它不但影响到日本的思想文化,更影响到日本的政治经济等各个方面。

家元制度的确是日本历史上特殊时期的产物,但如今的家元制度已经发生了很大的变化,通过分析研究日本茶道的传承制度——家元制度,对认识日本社会变化特征以及揭示隐藏在日本人的结社行为背后的规则都会很有益的。

二、世代相传的日本茶道

从村田珠光到武野绍鸥再到千利休,经几代茶人的不懈努力,终于完成了日本茶道的集大成。而今,日本茶道更是被发扬光大,普及全国并走向海外。可以说,日本茶道世代相传,数百年长盛不衰,而且又与能乐、俳句、水墨画、庭园艺术等结合起来,在"茶禅一味"与"和敬清寂"的精神影响下,形成了一门综合的文化艺术,今天仍继续支配着日本人的文化生活。在日本,茶道组织和茶道流派遍及全国,研习茶道的人数以万计,其中大多数为女性。在京都,你不应问女性"您是否学习茶道",而应问"您学习的是哪家茶道"。

日本茶道之所以能够世代相传,延续数百年而不衰,并且发展势头越来越盛,就是因为在日本茶道界采取了家元制度的做法。武心波先生在《当代日本社会与文化》一书中指出:"家元制是日本特有的社会制度。从字面上理解，家元即'家之根本'。但这里的'家'不是一般意义上的家庭，而是专指有某种特定技艺者的家族或家庭。家元是指那些在传统技艺领域里负责传承正统技艺、管理一个流派事务、发放有关该流派技艺许可证、处于本家地位的家庭或家族。以这样的家庭或家族为首，常常可以繁衍出一个庞大的组织。"在这种家元制度的支配下，各茶道流派都竭尽全力发展自己的组织，而且新的茶道流派和茶道组织不断涌现。这就是日本茶道得以世代相传、永不衰竭的原因所在。这种在技艺界勇往直前、永不言败、不断努力的做法集中反映了日本茶人世代相传的精神追求。

日本茶道集大成者千利休死后，他的第二子少庵继续复兴千利休的茶道事业。少庵之后，其子千宗旦继承父业，终生不仕，专心茶道。千宗旦去世后，他的三个儿子分别继承祖业，承袭或创立了茶室不审庵、今日庵和官休庵，并分别称为"表千家""里千家"和"武者小路千家"，被茶道界统称为"三千家"。

除了"三千家"以外，继承千利休茶道的还有千利休的七大弟子。400多年来，"三千家"作为日本茶道的中流砥柱领导和支持着日本的茶道文化事业，使日本茶道得以世代相传，并获得巨大的发展。

三、日本茶道走向世界

在今天，日本茶道已经为世界各国人们所接受，茶道作为人类的一种精神文明，受到了高度的评价。

（一）20 世纪 50 年代

昭和二十四年（1949 年），在京都大学的清风庄，举行了国际茶道文化协会的成立仪式，里千家十四世家元淡淡斋担任理事长，十五世家元鹏云斋任常务理事，立志将茶道推广到海外。

美国第六军司令官戴克代将军，在早稻田大学的讲演中讲道："不必向美国学习，日本有其民主主义，就是茶道。不分身份的高低共饮一碗茶，和敬清寂的精神才是民主主义的根本。"这些话启发了当时年轻的鹏云斋,他决心赴美宣扬茶道。

昭和二十五年(1950年),鹏云斋初次赴美,第二年在洛杉矶、旧金山、纽约、夏威夷等地设立了茶道支部。此后,除了在美国其他州设立支部外,又相继在巴西、阿根廷、墨西哥等美洲各国设立海外支部。在设立支部的同时,鹏云斋还通过举办茶会、在大学开设茶道文化讲座、寄赠茶室等各种方法向外国人介绍茶道。昭和三十三年(1958年),鹏云斋又前往欧洲,作为茶道使节出席比利时布鲁塞尔万国博览会。20世纪50年代,日本茶道顺利向世界迈出了第一步。

(二)20世纪60年代

进入20世纪60年代以后,鹏云斋更是频频前往世界各国推广茶道。昭和三十九年(1964年)四月,历时两年的纽约万国博览会召开。鹏云斋在博览会上建立了茶室,召集里千家的茶人们赴美国每天举行茶道表演,并用英语解说。到20世纪60年代末为止,鹏云斋前往中南美各国巡回进行茶道讲习,并遍访开罗、罗马等各地介绍,同时他还接待了英国女王夫妇、黎巴嫩皇太子、奥地利首相、泰国首相、苏联文化部部长等人。昭和四十一年(1966年)十一月,里千家的关东地区大会在东京举行,参加者超过8000人,鹏云斋开始确立自己在茶道界的领导地位。

(三)20世纪70年代

从20世纪60年代末开始,美国的年轻人中出现了嬉皮一族,物质文明的高度发展、生活的安定,使他们发现自己精神上的空虚。美国科罗拉多大学计划组织学生前往京都研修,担当的教授认为"在日本京都,一定有填补年轻人精神空虚的东西。"教授带领15名学生来到京都,其中有6名学生参加了3周的茶道研修。研修结束后,他们加入了里千家为外国人开设的茶道班。另外,鹏云斋与波士顿地区的5所大学中分别选拔一名东洋文化相关专业的优秀学生前往日本,在里千家从事日本研究。同时里千家向各大学派遣茶道讲师，开设茶道文化讲座。

在国内繁忙的工作之余，鹏云斋继续前往世界各地参加一系列的茶道活动，如巴西支部成立 15 周年活动、大学"寂庵"茶室开席、墨西哥大总统官邸"紫云庵"茶室开席、联合国教科文组织主办的"巴黎日本文化祭"、纽约大菩萨禅堂落成庆典献茶仪式等，不胜枚举。鹏云斋于昭和五十四年（1979 年）十一月，以中日友好亲善文化大使的身份访问中国，受到了当时的副总理邓小平的接见，并为邓小平献茶，此后，开始了与中国的密切交流。鹏云斋在 20 世纪 70 年代的东奔西走，使得日本茶道在海外得到了进一步的发展。

（四）20 世纪 80～90 年代

20 世纪 80 年代，是日本茶道在世界各地开花结果的年代。随着海外支部的增多、茶道的推广，里千家千宗室鹏云斋的名字开始被越来越多的人所熟知。

昭和五十五年（1980 年），鹏云斋就任夏威夷大学历史系教授。此后，日本茶道开始在美国各大学成为正规的讲座。昭和五十七年（1982 年）夏天，在夏威夷大学创立 75 周年之际，召开了"茶道学术会议"，日美各著名学者聚集夏威夷大学，并发表了与茶道相关的论文。

茶道的海外普及，在此之前主要以美国为主，其次是中南美各国、欧洲各国，80 年代后又逐渐扩大至中国、韩国、苏联以及东南亚各国。昭和六十二年（1987 年），鹏云斋在南开大学开设茶道讲座。同年夏天，第五次"里千家之船"起航前往中国，在人民大会堂举办了友好茶会。同时期，鹏云斋还派遣茶人到韩国、苏联传播茶道，持续至今。

90 年代，鹏云斋仍然奔波忙碌于国内外的茶道活动中。由于在海外普及茶道所做出的巨大贡献，鹏云斋被授予文化勋章，平成九年（1997 年）十一月三日，日本天皇亲自给鹏云斋颁发文化勋章。这在茶道界还是首次获得这样无上的荣誉。

（五）21世纪

21世纪以来，鹏云斋以及里千家茶人们的海外茶道宣传仍在继续，茶道的普及范围必将不断扩大，越来越多的人将了解茶道并对茶道产生兴趣。

第五章　日本茶道类型

第一节　日本茶道流派

日本茶道的流派有很多，目前尚无法统计出一个确切的数字来，但可以以日本茶道最具代表性的一代宗师——千利休所生活的年代作为划分的标准进行划分，即可以分成千利休之前的流派、千利休同时代的流派以及千利休之后的流派。这是以断代加以划分的方法，除此之外，还有别的划分方法，如根据茶事进行的场所划分成禅院茶道、书院茶道和草庵茶道等。

一、千利休之前的流派

千利休以前的茶汤文化的主流主要以将军、上层贵族武士、地方财阀等为主。主要分布在东山、奈良、堺三个地区，这三个地区也是当时日本文化、政治、经济的发达地区，是后来日本茶文化发展的基础区域与原点。

茶道是建立在经济基础上的文化艺术结晶，所以，只有首先在政治、文化及经济发达的地域由权力人、文化人及经济人来带动才得以兴起。这在今天也是茶道的一大特色。

（一）东山流

代表茶人为能阿弥。因为其是与幕府将军足利义政共同创制东山文化的主要人物，所以其茶流被称为东山流，代表当时围绕幕府将军而存在的大名茶。

（二）奈良流

创始于室町中期的东山时代，代表茶人为村田珠光。其脱离于当时的茶汤主流"大名茶"，推动茶事的和风化，纳禅入茶。在当时偏重形式的饮茶风潮中，珠光更致力于茶事中人心的问题。以侘寂为理念，追求理想的草庵茶汤。因为珠光出生于古都奈良，所以相对于当时政治文化中心的京都而称之为奈良流。

（三）堺流

始于室町末期，创始人武野绍鸥，代表当时新兴市民的文化思想，以商业资本发达的堺町为基地，继承村田珠光的侘寂思想，致力于脱离大名茶，将草庵茶发扬光大，对当时及后来堺茶汤的兴起起到了推进作用。其茶流又称为绍鸥流。

二、千利休同时代的流派

（一）织部流

创始人古川织部（1543～1615年）是桃山时代的武将、千利休的高徒，在千利休之后继承了"天下第一茶人"的地位。因其所处的德川时代，逐渐趋于宽松太平，相应地弱化了千利休时代茶汤的严谨性及端庄不屈的世界观，从而产生对体现自由奔放的审美要素的需求。

古川织部承袭了千利休茶道中富于创造性的精神衣钵，在家乡开发、生产出以茶道具为主体的面目一新的日用陶器。其特点是图案、造型丰富，在历史上以"织部烧"登场至今。织部烧以各种日常生活中的器物为造型设计的灵感原点，以茶色和绿色为釉色的主体，颇有唐三彩的韵味。相对于千利休的器物所具有的素朴自然、简约枯寂的美，古川织部的陶器的特点是在杂中体现出草庵风的美，成为影响至今日本茶文化、饮食文化的一枝奇葩。

（二）远州流

创始人小堀远州（1588～1647年）是古田织部的弟子，其审美意识在继承古田织部富于创造性的茶道理念的同时，充满了优雅的王朝风范，使茶室向更加明快、优美的格调转变。小堀远州是江户时代新茶道的创造者，其茶道被分为"远州流"和"小堀远州流"。

小堀远州身为武将，为江户初期大名（Daimyo），一生侍奉幕府。同时也是当时的代表性茶人、歌人、建筑家、能书家，留下很多知名的建筑、庭园、茶室。他以卓越的审美意识及权威，在与茶文化相关的领域留下了很多划时代的业绩。他选定使用的很多茶道具都以和歌、《源氏物语》等古典文学中的词语为名，被后世尊为茶道史的"中兴名物"而作为茶道具的一代基准。作为千利休之后杰出的综合艺术家，小堀远州在日本传统文化中具有相当高的地位。

（三）数内流

创始人数内宗把（Yabunou IiSouha）。数内流是为数极少的保持传统的书院茶泡茶方式的古老流派。数内流的茶室位于京都的下京，故也被称为"下流"，与位于上京千家茶流的"上流"相对。

（四）上田流

创始人上田宗箇（Ueda Souko）是丰臣秀吉手下的著名武将、茶人。虽与小堀远州同为古田织部的弟子，但与远州的典雅王朝风相对照，其茶风充满雄浑硬朗的武士风范。宗箇也做过很多茶道具，如茶碗、茶杓等，这些普通的道具中处处体现出武将的雄风。宗箇在其封地广岛建有茶室"和风堂"，以具有独特构造的外露地而著称。

三、千利休之后的流派

在了解千利休创立的草庵茶的同时，还必须知道的一点是，草庵茶只是千利休所追求的将禅的境界融入茶汤、以茶修禅的理想方式。他在有生之年所奉献的追求以及他的后辈所继承的理念，可以理解为是当今日本茶道的主流，但并不是全部，特别是在草庵茶的形成期。

自草庵茶创立至今，并不是所有的茶人都走素朴、侘寂的茶路。如同面对一个景色，十个人会描绘出十种心境一样，虽然同为千利休的弟子，也因身份、立场、经历以及对侘寂茶的理解、个人的喜好、所处的环境等主客观因素的影响，致使在对茶的追求及表现上千秋各异。

对千利休茶道思想的直接继承，主要有他的后代及被后代称为"千利休七哲"的七位弟子。因为对后世有影响的弟子很多，所以对"千利休七哲"

的具体人物在历史上说法不一，但离不开细川忠兴、古田织部、高山南坊、织田有乐、薄生氏乡这几位战国武将。他们在战场上披甲横刀、叱咤风云，在茶室里却深耕侘寂、茶质彬彬，对江户初期武家茶汤的隆盛产生了莫大的影响。

日本自平安时代以后的政治体制因武士阶级的兴起，以天皇代表的公家社会（宫廷贵族阶层）只作为国家的象征性要素而存在，真正管理国家实务、征战讨伐、完成国家统一大业的，则是以幕府将军为代表的武家社会。

茶汤在室町幕府时代开始在武家社会得到发展，茶会成为当时最高格式的接待及会谈的方式。但在公家社会却远没有得到普及。庶民出身的将军丰臣秀吉为了与公家贵族建立起良好关系，开始用高雅的茶汤作为交流手段。

天平 13 年（1585 年）12 月，丰臣秀吉在大阪城内的黄金茶室里，亲自点茶招待了天皇的近臣毛利的使者小早川隆景。以此为契机，在第二年的正月，丰臣秀吉又将黄金茶室搬运到位于京都的天皇小御所，亲自向正亲町天皇献茶。至此，献茶不仅作为一种古老的宗教仪式，而且作为政治手段也达到了登峰造极的境界。由众多亲王、公卿参加的献茶仪式，不但使丰臣秀吉达到了巩固自己地位的政治目的，同时也使茶汤在王公贵族之间流行起来，被称之为"堂上茶"，也就是宫廷茶。"堂上茶"的代表茶人有近卫应山（1599～1649 年）、一条惠观（1605～1672 年）、金森宗和（1584～1657 年）等。近卫应山、一条惠观二人均为皇子，同时也是具有卓越资质的文化人。书法、茶道、连歌无不精通，是当时宫廷文化的核心人物。

从遗留至今的"堂上茶"的茶室、庭园以及所使用的道具及礼仪等方面，可以看出其茶风、茶趣飘逸着优雅的古典王朝风情。位于古城镰仓的一条惠观山庄的"止观亭"，是当时最典型的"堂上茶"茶室，是宫廷贵族们饮茶聚会的地方。

金森宗和出身武家，家族代代习得茶汤，与同时代的大名茶人小堀远州、侘寂茶人千宗旦齐名。他在贵族间倡导"堂上茶"，同时还致力指导、资助京烧（又称御室烧）。京烧，会令人自然地想起明清时代景德镇官窑瓷器的风格。

由于金森宗和的茶汤风格及趣味温文恬雅，被当时称为"姬宗和"。与之相对的则是千宗旦的枯简淡寂的茶风，世人谓之"乞宗旦"。据说此时的千宗旦确也是清贫如洗。

武家茶汤与公家茶汤虽同源于禅院茶（金森宗和也是在京都大德寺绍印传双处参禅而取得的宗号），但由于武家和公家所处的社会环境不同，我们多少可以品味出其迥然相异的茶风、茶趣。

自桃山时代到江户时代初期，在贵族武士、富商豪族间兴起的只求风流游逸的茶汤，在实际上并没有使千利休侘寂理念的草庵茶得到发扬。在这样的风潮面前，千利休的孙子千宗旦（1578～1658年）开始用千利休的侘寂思想进行反省，其后由他的三个儿子分别设立了千家茶道流派。从此，以家元承继的形式来约束茶道的传统规范，以修禅的精神将禅茶一味贯穿在日常的稽古中，使草庵茶的侘寂理念得以代代相传，成为引导日本茶道发展至今的主流。

日本茶道的"三千家"即表千家、里千家和武者小路千家。"表"和"里"是相对于茶室的位置而言。千宗旦在晚年将自己一直使用的位于京都上京区小川通寺之内的茶室"不审庵"传位给第三子千宗左，自己在靠巷里本家隔壁的位置建造新茶室"今日庵"，与第四子千宗室同住，后遂将今日庵传给第四子。从此，靠近巷外的不审庵被称为表千家，在巷里的今日庵被称为里千家。宗旦的二子宗守早年离家，在不远处的武者小路建立了茶室"官休庵"，被称为武者小路千家。

作为日本禅院修业内容的茶礼自走出禅院，不论是书院茶还是草庵茶，因受建筑样式的影响，都是在铺有榻榻米的房间内进行茶事。榻榻米作为物理性的基台，与茶结下了不解之缘，就像相扑的道场一定要在土坛上一样。然而在明治5年（1872年），传统的日本茶道受到了一个挑战。为了应对第一次在日本举办的国际博览会，使不习惯于盘腿打坐的西洋人能够更方便地参与并了解日本传统的茶文化，茶道里千家十一代家元玄玄斋千宗室创新了立礼式茶道形式，用桌椅代替榻榻米和坐垫来进行茶事。这一举不但解决了当时的燃眉之急，也开拓了在新时代、新建筑环境下传统茶道新的可能性。

里千家十一代家元将茶文化理解为"主要是精神内容的传承，形式则要随着时代的进化而更合理化"。正是由于继承了先祖千利休的创新精神及作为，使十一代家元成为千家茶道的中兴之祖，也由此影响了后来的里千家的茶道作风。

实际上，古老的《禅院清规》及更早的《百丈清规》中所记述的禅院茶礼，都是在使用地板的方丈间使用椅子来完成的立式茶礼，日本的禅院茶礼也如实承传。京都建仁寺遗留至今的四头茶礼就是根源于传统的唐礼、清规，适合日本禅院的建筑条件而演化出来的。立礼式茶礼的创设又一次再现了日本茶道所秉承的"传统是连续的革新"的精神。如今，立礼式茶礼已经成为里千家的固定茶礼，而且已经普及到其他茶道流派中。在京都略有规模的茶道具店里，都会看到各式各样立意新颖的立礼茶道具。

现在日本的习茶人口已经无法统计。自明治时代开始，日本实行解放女性参与社会的国策，使得原本只是男人专享的茶道因女性的积极参加而成为渗入家家户户生活中的大众文化。随着日本战后经济发展，这种需要一定经济条件的文化形式得到了相对广泛的普及，并且在提高全社会文明素质中起到重要的作用。

在茶道普及的过程中，人们也开始发现三千家在很多做法及礼仪等方面有着不同之处。由此也产生很多疑惑。据业内统计表明，现在日本的茶道人口中，里千家占有半壁江山。表千家最初就被指定为继承家业的家元，主要的服务对象一直是贵族大名，在尊重传统规矩礼法方面注重保持原汁原味，在外现的做法及追求上，含蓄内敛。与表千家宗旨不同的是，里千家在承继传统的同时注重茶道的复古与创新。

里千家十一代传人玄斋精中是一位通晓花道、香道、谣曲的茶人，不但创立了直礼式点茶，还复兴了古法点茶法和巾点。此外还创立了茶箱点，使茶事得以走出传统的茶室，成为包括旅行在内的更广泛的空间里的文化活动。

十三代传人铁中致力于茶道的普及，积极出版与茶道相关的教科书，将茶道推荐到女子学校的教育中，广开茶道讲习会，并将流派组织化。

十四代传人斋硕叟更将茶道推广到普通学校的教育，使之成为由里千家担负讲习的学校业余活动的一部分。除此之外，还积极参与寺院、神社的献茶、供茶活动，并致力于将茶道作为日本传统文化的代表推广到海外。

在这些开拓、参与、推广之外，里千家还将同门组织结成"社团法人交谈会"，使传统形式的家元组织变身成现代的财团法人。这种努力使里千家成为当今日本最大的茶道流派。

与表、里千家相比，武者小路千家的习茶者最少。在同样继承千家茶道礼仪的同时，武者小路千家在茶道的操作手法上比较简练，注重实效，追求在自然中产生的美。对于茶道具的选择及使用上不局限于传统的框架，使得茶会经常给人以耳目一新的感觉。有这样一个传说，对于三个儿子的茶，当初千宗旦做过这样的嘱托：表千家是千利休的茶，里千家是传播给大众的茶，武者小路千家是千宗旦的茶。三千家的茶道中，行礼的姿势、端茶碗的方式、茶道流程中使用茶道具的方式以及所使用的茶道具的形状、款样等也存在细微的差别。

在各家经过练习最终取得资格方面，表千家的程序较多，时间比较慢。而里千家及武者小路千家相对简单。各茶道流派培养的高徒在学成拿到资格证书后，常常又会在家元的默许下开设稽古教室甚至创建自己的会派，因此至今在日本茶道界只以"三千家"为首的流派就数不尽数。

在几百年的发展历程中，出自同一源泉的支流，因自然环境和时代的原因，在形式上的改道、变异是不可避免的。作为一种文化现象，显然更会因受到历代茶家主观意识上的自我强调的影响而产生种种变化。虽然有这些表面形式上的差异，但各流派通过茶道传达的思想境界及价值观，比如"一期一会""禅茶一味"的精髓都是相通的。但领悟精髓，不是一朝一夕的事，更来不得浅薄平淡。如今，不仅在日本国内，在国外也因茶道的推广与普及，开设教室、道场教授茶道的人越来越多。

第二节　禅院茶道

一、茶与禅

追溯日本茶道艺术的发展历程，大致可以分为三个时期：第一个时期是 15 ～ 17 世纪，是"闲寂"茶道盛行、"为艺术而生活"的年代。这一时期的代表茶人有 15 世纪的村田珠光、16 世纪的武野绍鸥和千利休，还有 17 世纪的小堀远州。这些茶人在当权者的庇护下完成了茶道的草创，他们成了那个时代"品味的评判者"，与政治之间保持着危险的联系。第二个时期是 17 ～ 19 世纪，代表茶人有 17 世纪的片桐石州、18 世纪的松平不昧以及 19 世纪的井伊直弼。这些有名的茶人不是大名就是家老，有政治家和茶人的双重身份，茶道成为他们生活中的一个部分而不再是全部。原来的"为艺术而生活"转变为"为生活而艺术"，是这一时期茶道发展的显著特点。发展至此，茶道基本还属于一种"个人的艺术"。到了 20 世纪，茶道的发展进入一个全新的阶段，茶人变成了教授茶道的老师，茶道开始走向商业化和社会化。20 世纪初期，学习茶道的主要是上流阶级的子女，修习茶道象征着一个人的社会地位；20 世纪中期，茶道逐渐在一般民众中得普及，最突出的一大特征就是学习茶道的女性越来越多，茶道逐渐演变成为一种"社会的艺术"。

茶道是一种以身体动作为媒介进行表演的艺术，其艺术性主要体现在表演过程中的各种创意。这些创意体现在茶道的每一个细节上，从茶室、露地，到茶器的搭配、摆放的位置，再到待客的礼数，无不体现出茶人的用心。历史上那些有名的大茶人，同时也都是出色的艺术家。而在"女性茶道"盛行的今天，茶道原有的艺术特质和修行色彩常常被忽略，茶道很多时候变成一种纯粹仪礼性质的表演，茶会也成了一般的社交手段，与千利休所创"闲寂"茶道的宗旨渐行渐远，这就是许多茶人提出的所谓"堕落的茶道"。

在走向世俗化和社会化的过程中，茶道原有的审美理念被很好地保留下来。从现代茶道的具体内容出发，仍然可以还原千利休茶道美学观的基本风貌。千利休的"闲寂"茶道在审美上以否定现有的、既定的美为前提，拒绝色彩、拒绝光泽，而向内在的、精神的领域发展。粗朴的茶碗、狭窄到只有两张榻榻米大小的茶室，甚至带有瑕疵的茶器都被认为是美的、符合茶道精神的。考察这种独特美学观的成因，禅宗的影响不容忽视。

日本茶道是在中国宋代禅院茶的基础上发展起来的，从创立伊始，就与"禅"结下了不解之缘。村田珠光第一个将禅宗思想引入到点茶仪式之中，认为点茶是与禅宗修行同样的、另一种形式的修道。在传授给门徒的《心之文》中，珠光写道："此道最忌自高自大固执己见"，而关于"心"的问题，珠光认为应该"成为心之师，莫以心为师"，这些都是禅宗的基本观点。茶道是严格的"心"的修炼，珠光的这一主张被后继者很好地继承下来，到了千利休时期，"禅茶"理念更被发扬光大。千利休是参禅的高手，更是一位伟大的艺术家。他将禅宗的修行观和茶道的文化形式结合起来，创立了风格简素的草庵式茶道。千利休认为茶道无须遵循定法，"山即是谷，东即是西"，主张破除成规，自由自在，随心所欲。以此为依据，千利休对原有的茶道形式进行了大胆改革，将禅法思想深深融入茶道艺术之中。千利休所创"闲寂"茶道成为日本茶道的正统，其后的历代茶人都将"禅"奉为茶道的精神内核，赋予茶道浓重的修道色彩。可以说，禅宗的影响渗透到了茶道文化的方方面面。而在美学领域，也留存有很多"禅"的痕迹。

二、中日禅僧的往来与茶礼（宴）的东传

中国的饮茶礼仪是伴随着中国佛教文化而传到东都日本的。日本学者以为，在日本圣武天皇时代，中国僧人鉴真东渡扶桑，带去大量药品，茶即其中之一。这是日本文献中有关茶的最早记载。

在宋代，随着中日禅僧来往的增多，饮茶方法也传到日本。公元1168年，日本僧人明庵荣西（1141～1215年）入宋求法，由明州（现在的宁波）登天台山。当年，荣西携天台宗典籍数十部归国。1187年，荣西再次入宋，登天台山，拜万年寺虚庵怀敞为师，后随师迁天童寺，并得虚庵所传禅法，传到日本，从而形成日本师济宗黄龙派法系。荣西在中国的数年时间内，除习禅外，还切身体验中国僧人吃茶的风俗和茶的效用，深感有必要在日本推广，于是带回天台茶种、天台山制茶技术、饮茶方法及有关茶书，亲自在肥前（今佐贺）背振山及博多的圣福寺山内栽培，并以自己的体会和知识为基础写成了《吃茶养生记》一书，这是日本最早的茶书。由于该书在日本的广泛流传，促使饮茶之风在日本兴起，荣西亦被尊为日本的"茶祖""日本国的陆羽"。

诚然，荣西来到中国时见过并研究过陆羽《茶经》及众多的中国茶典籍，其《吃茶养生记》中详细介绍了茶的形态、功能、栽培、调制和饮用，也谈到宋代人的饮茶方法，但据日本当代茶道里千家家元、千利休居士十五世千宗室研究认为，"有关荣西著《吃茶养生记》的意图可做如下总结：荣西所关心的只是茶在生理上的效能；对于饮茶这一行为所拥有的意义，即关于饮茶行为的思想问题，荣西没有附上什么含义。对荣西来说，茶是饮料之茶，除了茶在药学上的效用外，荣西不抱任何兴趣。偶尔引用陆羽《茶经》以及其他中国文献时，也是为了明确茶的如上效用。"另外，日本学者铃木大拙在其《禅与茶道》一书及村井康彦在其《茶文化史》一书中也有类似观点。荣西是第一个系统地向日本人介绍中国茶文化的禅僧，其《吃茶养生记》一书也被日本史书《吾妻镜》称为"赞誉茶德之书"，其对于后世日本茶道的形成和流行功不可没。

荣西之后，曾为荣西之弟子的禅僧希玄道元（1200～1253年）于日贞应二年（1223年）与荣西另一弟子明全相伴入宋。道元在宁波阿育王寺、余杭径山寺习禅后，入天童寺师事曹洞宗13代祖如净禅师，受曹洞禅法而归，在日本建永平寺、兴圣寺等禅寺，倡导曹洞宗风。道元还依《禅院清规》制定出《永平清规》，作为日本禅寺的礼仪规式，其中就有多处关于寺院茶礼的规定。例如"新命辞众上堂茶汤""受请人辞众升座茶汤""堂司特为新旧侍者茶汤""方丈特为新首座茶""方丈特为新挂措茶"等皆有详细的规定。道元的《永平清规》是最早记载日本禅院中行茶礼仪的日本典籍。其对于日本镰仓幕府时期寺院的普及从而对日本茶道的形成起到了关键作用。不过，道元虽到过径山寺，但他所从学的是与径山宗所倡"看话禅"相对立的曹洞宗的"默照禅"，由此可以判断，他对径山茶宴特别是行茶礼仪中的茶具和室内布置重视不够。真正将径山茶宴移入日本，从而使日本禅院茶礼完整化、规范化的是道元之后的日僧圆尔辨圆（1202～1280年）、南浦昭明（1236～1308年）和径山寺僧兰溪道隆、无学祖元等人。

1235年，圆尔辨圆（谥号圣一国师）因慕南宋禅风入中土求法，在余杭径山寺从无准师范等习禅3年，于1241年嗣法而归，并带回了《禅院清规》一卷、锡鼓、径山茶种和饮茶方法。圆尔辨圆将茶种栽培于其故乡，生产出日本碾茶（抹茶），他还创建了东福寺，并开创了日本临济宗东福寺派法系。他还依《禅院清规》制定出《东福寺清规》，将茶礼列为禅僧日常生活中必须遵守的行仪做法。其后，径山寺僧、曾与圆尔辨圆为同门师兄弟的兰溪道隆、无学祖元也先后赴日弘教，与圆尔辨圆互为呼应。在日本禅院中大量移植宋法，使宋代禅风广为流布，禅院茶礼特别是径山茶宴即其中之一。

南宋开庆元年（1259年），在日的兰溪道隆门下弟子日僧南浦昭明（谥号元通大应国师）入宋求法，在杭州净慈寺拜虚堂智愚为师。后虚堂奉诏住持径山法席，昭明亦随至径山续学，并于咸淳三年（1267年）辞山归国，带回中国茶典籍多部及径山茶宴用的茶台子和茶道器具多种，从而将径山茶宴及中国禅院茶礼系统地传入日本。

三、茶礼精深

禅宗的原旨是身居深山幽谷，脱离人间俗尘，如同达摩始祖，面壁冥思，追求自我的思维与思索。以坐禅修行来培养、启发人的悟性，在顺其自然中，升华、变革自我精神。所以，禅者的修持坐禅要求静心敛神，不宜游乐遣兴。

在中国，茶最初就是因为与佛教（禅僧）和隐遁（隐者）联系在一起，致使其成为一种具有超凡脱俗性质的饮品。唐代诗人韦应物在《喜园中茶生》一诗中写道："洁性不可污，为饮涤尘烦，此物信灵味，本自出山原"，赞美生长在深山仙谷、性情高洁的茶所具有的荡涤尘烦、忘怀俗事的功能，也隐喻修行之人与茶具有相同的性情。茶圣陆羽在《茶经》中写道："为饮，最宜精行俭德之人。"类似此等对茶的精神性作用的评价诗文，在中国古代的文献记载中数不胜数。正是因为具有圣洁心灵的人饮用了茶，茶也才具有了荡尘涤俗的精神性。

中国的禅宗寺院在宋朝崇宁二年（1103 年）开始实行《禅苑清规》。这是现存最古老的清规，是参考现在已经失传的唐代百丈怀海禅师（749～814年）将大小乘戒律折中而制定的《百丈清规》整理、添加而成。其中，除为寺院禅僧修行法度所做的清规戒律外，还将茶的礼法精微至极地融入禅僧的日课修行中。通过种种有制约的茶礼，辅助加强禅僧的修行品性。

道元禅师（1200～1253 年）于日本贞应二年（1223 年）渡宋，在天童山景德寺修行，嘉禄三年（1227年）归国，以《禅苑清规》为范本，制定了《永平清规》，开创日本曹洞宗大本山永平寺。

嘉贞元年（1235 年）渡宋，在杭州径山万寿寺修行，于仁治二年（公元1241）归国的圣一国师圆尔弁圆（1202～1280 年）从中国带回一千余册佛教典籍，在《禅苑清规》的基础上制定了临济宗东福寺派大本山的修行规则。除此之外，还学习种茶、制茶，并带回了茶种播种在静冈县的安培川和薬科川，还将径山寺的抹茶制法及茶宴礼仪传播到日本，促进了日本茶道的兴起。因此，圆尔弁圆被尊为日本茶道的始祖。

在《禅苑清规》中，针对茶礼有诸多规定。从其中《赴茶汤》一节可以看出对吃茶礼仪的约定的详细程度："院门特为茶汤，礼数殷重。受请之人，不宜慢易。既受请已，须知先赴某处，次赴某处，后赴某处。闻鼓板声，及时先到。明记座位照牌，免致仓皇错乱。如赴雀头茶汤，大众集，侍者问讯请入，随首座依位而立。住持人揖，乃收袈裟，安详就座。弃鞋不得参差，收足不得令椅子作声。正身端坐，不得背靠椅子。袈裟覆膝，坐具垂面前，俨然叉手朝揖主人。常以偏衫覆衣袖，及不得露腕。热即叉手在外，寒即叉手在内。仍以右大指压左衫袖。侍者问讯烧香。所以代住持人法事。常宜恭谨待之。安详取盏，两手当胸执之。不得放手近下，亦不得太高。若上下相看一样齐等则为大妙。当须特为之人专看。主人顾揖，然后上下间。喫茶不得吹茶，不得掉盏，不得呼呻作声。取放盏橐（托），不得敲磕。如先放盏者，盘后安之。以次挨排，不得错乱。右手请茶鑰，擎之候行遍，相揖罢方喫。不得张口掷入，亦不得咬令作声。茶罢离位，安详下足。问讯讫，随大众出。特为之人，须当略进前一两步问讯主人，以表谢茶之礼。"

通过受约、赴会、尊序、就座、脱鞋、收足、坐相、饮相、谢礼、步态、退法等细节的描述，可以看出其中对寒暑时令手的状态、喝茶的样式都有规范。茶品可依，人品可循。禅林履步，一步一禅。这些细节上的规范及礼仪，在今天的茶道做法以及和风的礼仪中都有体现。

自古，依水傍山的禅佛寺院都有几亩茶田。一年三百六十五天的饮茶，禅僧需要四季的苦作，几度的摘采。茶直接关系到禅院众僧的修行与生计，所以茶的种植摘制责任重大。每年对茶树要进行不同季节的间种、施肥、管理、剪修、摘采；再对茶叶进行加工、包装、保存。对于茶具则有采配、调度、收纳、保管、使用、清理等规制。这种最基本的行事都是为了最终的冲泡、饮用。对于与茶相关的日常生活及周边事物的各种对应，都作为禅僧修行的重要内容。正所谓："山僧活计茶三亩，渔夫一生竹一竿。"为此，禅院特设茶头一职，专门掌管茶役事项。

佛教自奈良时代由隋唐传到日本，一直作为皇族公家的信仰。寺院除因佛祖的无上尊严使参拜者为之寄付外，还多有皇家贵族、地方权豪的入主、皈依、资助的背景。因宗教的中立性，自古皇族、贵族阶层出家为僧、为尼、剃度还俗的不在少数，但寺院中的献茶，到平安时代为止也只是仪式性质的行事。茶，作为贵重的药物，并没有广泛地传播开来。

镰仓时代，禅宗传入日本，作为新教，遭到固有佛教的抵触，却受到幕府武士的庇护，也成就了后来时代武家与禅的因缘。战国武将织田信长甚至将自己在京都的住宿安排在皈依的本能寺中，也使之成为本能寺之变的舞台。镰仓、室町时代的禅宗寺院集中了由留学唐末的禅僧带回的中国最新的文化元素，使得佛礼森严的法界成为同时代研究、弘扬以汉学为中心的诗文、书画、建筑等学问的最活跃之处。在传统教育、音乐、医学、艺能等的继承与发展，以致外交、对外贸易等方面禅寺也起到重要的作用。禅僧因自身的各种修养而修成的人格品行也使很多社会文人仰慕，与草庵茶渊源深厚的一休和尚就是这样一位禅僧。当时在京都的居舍虎丘庵，如同文化沙龙，具有代表性的文化人、乐师金春禅竹、绘师曾我蛇足、后来的草庵茶祖村田珠光等都是那里的常客。

　　寺院多远离闹市，或依山临溪、古松幽径，或深墙高院、景色宜人，不仅是文人雅士的社交场所，也是权贵们聚会，接待、密议而经常借用的风水雅地。禅寺在宣教之外，开始向民间布茶，在弘扬佛禅的侍奉精神的同时也是向民间施主的叩报。在日本的禅寺中，除僧侣修行使用的茶礼坐间外，还有接待施主来客的专门房间，叫"檀那的間"（Dannanoma）。本着佛教的教义，对于向寺院布施的人叫檀那，也叫旦那。受此影响，日本古来为公家做事的人也叫自己的上司或东家为檀那。现在日本的女性也还保留着这个传统，叫自己的丈夫为旦那。对于吃茶礼仪，日本的临济宗称之为茶礼，曹洞宗称之为行茶。除各教派清规中的茶礼外，以京都建仁寺为代表的四头茶礼也是至今禅院中格式、规模最高，残留着唐代遗风的古老茶礼。

　　以禅院为核心的布茶，使更多的人有机会接触到茶。尽管没有严格说教，也会使人们在自然的环境中寻味到禅踪佛影，在天长日久中领悟到非同世俗的茶礼汤规，进而从中激发感激之情，彻悟人生真谛。在这样的日积月累、潜移默化中，会使人身心注入禅的精神，感受到神佛的影响力，从而达到脱俗净化的境界。这个时代，茶由禅院开始逐渐影响到民间。

第三节　书院茶道

一、书院体建筑的兴起

在平安时代（794～1192年）后期，由于宫廷斗争的原因，武士阶级有机会登上历史舞台的中心，使日本从公家社会过渡到武家社会。这种社会的转化也明显地体现在建筑样式上。奈良时代到平安时代的代表建筑样式，为皇家、贵族居住的寝殿式构造。受中国宫殿建筑样式的影响，具有严谨、对称的特色。

武家社会的抬头，使得在寝殿式建筑及禅院僧家住宅样式的基础上，发展起来一种风格厚重、由几栋房屋以不对称的形式错落组合成的综合性住宅空间，被后世称为书院体建筑。围绕着主体建筑，建有庭院、路径、花圃、池塘、石山、瀑布等外环境设施，在整个建筑群的角落，还建有称之为"庵"的小型建筑物，以长廊的形式与主体建筑相连接，作为包括茶室在内的各种附属设施来使用。这种书院体建筑在构造上以其相对自由的组合样式及更注重使用性的特长逐渐取代了寝殿式建筑，也成为今天日本和风住宅建筑的原始母体。典型的书院建筑是庆长11年（1606年）完成的幕府将军德川家康在上洛的居馆条城二丸御殿。

二、榻榻米文化与书院体建筑

日本古来除吸收大陆的汉字外，也创造出不少以形解意的象形字。例如"畳"字，以其象形功能，将汉字叠的上部改为四方形的田字，既有叠的意义，也更接近榻榻米的实物状态。这也是日本将外来文化变为己用的一个具有代表性的转化方式。但榻榻米却是日本文化中最具和风色彩的元素，是为数不多的完全没有外来影响的日本原生文化。

现存最古的榻榻米保存在奈良东大寺正仓院，是奈良时代圣武天皇使用过的御床。这是一种用灯芯草编织成薄席，再重叠八层制成厚草席铺设在木台上，由两个同样的"畳"合拼成的寝床。这种厚草席的周边用皮或绢等材料包结起来，在《古事记》中被称为"皮置"或"绢畳"，这是对榻榻米的最早记载。

平安时代的寝殿式邸宅内部地面是由木板铺设，贵族们开始将榻榻米作为寝具，并铺设在房间中经常居坐的局部场所，以改善木板地面。在阶级森严的封建社会，高出地面的榻榻米也成为权力地位的象征。当时除皇家贵族外，在寺院的方丈及高级僧侣的房间里榻榻米也被用来当成座位。这些历史渊源使榻榻米具有了尊贵的象征意义，至今还被作为清净无垢、不可侵犯的神圣界域，其上只容许裸足。

在茶道的做法中，将作为道具主角的茶碗直接放置在榻榻米上，可以想见榻榻米在茶人心目中是如何的珍贵。由于榻榻米在建筑居间的功能性逐渐得到认知，到镰仓时代初期，其使用也逐渐得到普及。在会见来客的房间，榻榻米的铺设状态由"点"连成"线"，铺延到房间的周边，使主客都坐在榻榻米上。冬季，将炭火盆放置在没有铺设榻榻米的中心部位，人们坐在四周取暖，也显示出结构的合理性。

镰仓时代中期，书院式建筑逐渐成熟，开始以榻榻米全面取代木板作为室内的地面铺材，使榻榻米从某种意义上的家具变成建筑材料，开始了榻榻米使用的新时代。由于是没有座椅的时代，房间的地面都被榻榻米铺满，就又产生了需要显示身份高低的问题。将军贵族们只好在居坐位置再铺设一块特制的厚榻榻米，用彩色锦绢及金丝特制包边。在质普遍提高的状况下，以量来寻求变化。此时还开始使用一种叫"座布团"的坐垫，坐姿采用更接近坐禅的正座姿态（跪式坐姿）。

铺满榻榻米的地面柔软、有弹性，适合人的身体接触，还能防潮、保温且卫生。但不宜与坚硬器物接触，由于容易受到灰尘等的污染，所以需要经常更换。也因此，使得房间内的固定家具只能依托墙壁来做壁橱、壁架，或将柜橱等大型家具与建筑构架结为一体。现在的和风住宅铺设榻榻米的房间内都附带有拉门结构的内藏式固定壁柜，叫"押入れ"（Oshiire），以一个榻榻米大小为模本单位，分成上、中、下三层，以取代外置家具来存放日常生活器物。

为了使用的合理化，至今日本的和风建筑空间都是以榻榻米为单位来计算空间尺度。但各地的榻榻米尺寸也有微妙的区别。因为最初是从将军贵族的居所开始普及，作为都城，京都所使用的榻榻米的尺寸比起其他地区都要大一些。

三、禅宗思想与书院体建筑

镰仓时代，荣西、道元等禅僧从宋朝带回了禅宗思想，得到了与传统贵族相抗衡的新武家政权的支持与保护。在室町时代更加深了这种关系。

日本武士将禅宗教义看成与武道具有同样的道德观念，将"不立文字，教外别传，即心是佛"这种体现由心见性的思想视为精神支柱。因此，禅文化及禅僧的生活习俗对武士阶级也产生了极大的影响。反过来，这种影响也被看成是重视一衣一钵、追求自然真理、远离权利纷争的禅教对新兴武士阶层的教化，使得在日本历史上形成了武士阶级与禅宗所具有的特殊关系。这一点，也为后来源于禅家的茶汤在武士中的流行打下了基础。基于这种社会层面及精神层面的背景，在武家建筑中也出现了很多参考禅院建筑样式的构造，其中最具有代表性的就是壁龛与书院。

禅院最主要的空间是供奉佛像、献花、敬香、供物的佛龛。面对其庄严、华丽，任何人都会肃然起敬，脱帽纳首。作为武家建筑最主要空间的谒见间，在来客面前显示主人的尊严，在内部构造上参考禅院的佛龛，将室内正面的一侧开辟出一个榻榻米大小，高出地面近十厘米的特殊空间，地面铺设木板或榻榻米，周边由原木立柱、横梁作为框架，俨然一个开放的落地式橱窗。因为日本传统上习惯将比其他部位高起的地方称为床，所以将这个窄间称作"床の间"，现在很多译文中习惯称之为壁龛，这个形容也非常形象。壁龛地面高出其他部位的木板或榻榻米，其本身也具有传统意义上的无上尊贵。上面摆放香炉、盆景、花瓶等奢华装饰器物，正中间的墙面挂上二联唐画，成为书院式建筑中最受注意的空间。

室町时代的禅院僧房中设置有读佛典与佛经用的持桌，还有放置经卷等的棚架。这种也成为书院建筑内装设计的创作来源。在壁龛的隔壁设置起木棚架违棚及带拉门的柜橱，这样可以摆放、收纳料纸、砚箱、豪华的陶瓷器等更多的物品。还在壁龛靠墙一侧的下部做成有拉门柜橱的固定宽台，作为书写、看书的书桌。再将桌一面的墙开通，做成障子出窗。由于这些设置形成了一个书香文气的空间，俨然是一个微型的书院，由此这个角落被称为付书院（"付"在日语中有附着、连接、固定等意）。作为代表武家社会典型建筑样式的书院造型称呼也由此而来。

室町时代后期，书院造建筑样式逐渐成为主流并固定下来。将军的御所、贵族武士的宅邸、有名的寺院中部开设有书院样式的房间。为了接待，经常被用于举行歌会、宴会、酒会，这个场所又被称为"会所"（Kaisho），这也是今天到处都有的会所的语源。

在这样的宽阔会客间里，将军日常会见下臣所在的最上座区域的地面部位铺设得明显高于其他部位，以此来显示最高权力、地位。通常在最上座的两侧由押板、棚、付书院组成装饰空间，两边还有隐藏保镖的叫作账台构的活动壁面。壁面装饰华丽，一旦遇到危险，里面的护身武士便会推开壁面一跃而出。

日本的寺院、御殿等高贵场所的内部空间都被障壁所间隔。障壁具有合起来是壁、拉开便是门的功能，再配上各种屏风，使得书院体建筑的内部空间在使用时可以根据需要自由地展开、间隔，具有很大的可塑性。这种灵活的构造机能对于现代建筑设计产生了很大影响。

由于障壁的两面画满金碧辉煌的豪华绘画，为此，也被称为障壁画，与屏风画同为和风建筑的产物。重要场所的障壁画都是由当时最知名的御用绘师来完成，有的绘师几代都为幕府将军服务，也因此名留至今。其中最有名的是安土桃山时代以室町幕府的御用绘师狩野正信为代表的狩野派，其画风凝重华丽，充满雄武之风。

四、书院茶道

受禅宗寺院典雅、考究的茶礼的影响，以将军为代表的上层武士也开始在诸如会所这样的地方设置道场，使茶汤成为行乐遣兴及主要社交手段。利用茶会这样的场合炫耀所持有的名贵"唐物"（舶来品）是历代将军的喜好，使得贵族、武士、豪商们也都效而仿之。在这里茶会不是目的，以持有的名贵"唐物"来夺人耳目才是人们的兴趣中心。在会所人客间里举行盛宴、茶会时，通常都是在隔壁或背面称为"茶汤所"的小房间里准备茶事。烧水、点茶后，再将茶端到会场。还有用可以移动的棚架将茶具搬运到会场，在来客面前点茶饮用。这个时期还没有专设的茶室，茶汤文化还没有登上社交舞台中心。会所文化培养了茶汤的繁华，历史上也因书院造建筑样式而将此时代的茶通称为书院茶。

在镰仓时代末期的战乱时代，随武将出征的队伍中还有一些僧人，如同西方国家军队里的从军牧师，目的是为战场上的亡灵作葬礼祈祷以及负责疗伤。他们之中不少能歌善舞、多才多艺之人，在征战的间余又可以发挥这些才能。从室町时期开始，这些僧人成为将军贴身的正式官僚，被统称为"同朋众"（Doboshu），担当者都是当时一流的文化人。"同朋众"的名字中附带有阿弥二字，取自南无阿弥陀佛。其中，在文化艺能领域有担当猿乐（一种古老能乐）的音阿弥；担当作庭的善阿弥；担当唐物奉行（负责唐物的相关事物）的能阿弥、艺阿弥、相阿弥；担当香、茶的干阿弥；担当插花的立阿弥等。这些人物中有很多成为后来象征日本传统文化艺术典范的"东山文化"的奠基性人物。

成员中担当装饰会所、主管茶事的职务称为茶同朋，以能阿弥、艺阿弥、相阿弥、阳代阿弥最为著名。其中能阿弥是室町时代中期书院茶的代表人物。不但擅长茶事，还身为水墨画家、连歌师、艺术品鉴定家、装裱师，在花道、香道、室内装饰等方面也颇有造诣，是一位具有广泛文化艺术修养的艺术家。后来草庵茶的始祖村田珠光就是在他的点教下习得书院茶，为草庵茶的创设打下基础的。能阿弥对于后来的茶道所起到的作用虽然不像村田珠光那样大，但若研究草庵茶及现代茶道的发展史，他却是一位不可忽视的奠基性人物。

能阿弥所具有的综合才能，使他不但为幕府将军足利义政所持的"东山御物"制定收藏清规，还将书院装饰成文采风雅的饮茶空间。经能阿弥考案定制的书院样式包括如下内容：

壁龛：作为书院的中心，挂三幅轴画。前面放置三具足：香炉、花瓶、烛台。违棚：放置香盒、茶入、天目茶碗、汤瓶。下段放置食笼、盆景。书院窗：在安置书桌的位置，开启探出结构的窗口，上面装饰砚、镇纸、文房具。

现代茶道中盛放茶道具的台子，原本是寺院向佛献茶用的佛具。能阿弥在将军的茶席利用来放置茶道具，其式样成为如今高规格献茶式及茶道中台心点前的基准。

书院格局及陈设的完善，使茶汤有了一个良好的文化环境。在研究的过程中，能阿弥又考案出很多相应的礼法。出身于武士之家的能阿弥，将擅长弓术、马术的小笠原流武家礼法应用于点前做法中，在杓柄的操作中，可以看到源自拉弓的手势。此外，茶席中的服装样式，茶事中端运道具时，如同在舞台上的移动步法等，都是由能阿弥改良或开发出来的。他的后代艺阿弥、相阿弥也都相继承袭了他的才能。

在三代阿弥遗留下来的大量艺术遗产中，有相当一部分是关于茶文化方面的文字记载。最著名的还是能阿弥所著的《君台观左右账记》，其中记载了与现代茶道相关联的书院装饰、陶瓷器、文房具鉴赏等内容，从中可以看到当时的茶道具主要是唐物。其中的内容甚至对每次茶会中茶道具的配置及使用方法等都有详细的记录，所以堪称是认识书院茶的基础文献。

日本在中国的元朝时期，因朝鲜的支配权问题，屡屡与蒙元发起战争，使得两国之间一度中断了唐宋以来培养起来的友好关系及频繁的政治、文化、经济、贸易往来。到了室町幕府足利义政将军的时代，在公元 1401 年又开始了与中国明朝的贸易往来，使得唐物的输入也随之频繁起来，将日本上流阶级推向崇尚唐物的全盛期。这个时期，从中国输入的不仅仅是茶道具，只要是中国的文物、工艺等，都被用来作为娱乐场所的装饰。为此，这个时代也被称为"唐物序严"的时代。足利义政于 1482 年为了自己的退隐生活，在京都的东山殿山庄建造了私人佛堂慈照，江户时代以后被称为银阁寺。坐落在银阁寺东北角的东求堂是日本的国宝。其中有一间四个半榻榻米大小的同仁斋是足利义政读书、赏景的私人书斋。在十平方米左右的小空间内，具备书院的一切构造及机能。里面有壁龛，装饰着书画、文房道具、香炉。足利义政经常以茶会的形式与活跃在第一线的文化人交流。其中，村田珠光的茶汤、志野宗信的香道等，后来都在各自的领域里独树一帜，成为流传至今的日本传统文化的基源。这个时期，也被称为日本文化理念的形成期。他们共同创造的具有日本独特的审美观及精神性的文化样式被后世称为"东山文化"，影响至今不衰。

同仁斋的价值是因为它汇集了书院的精华。作为书院的代表，它还被看成是后来村田珠光创造四个半榻榻米草庵茶室的灵感原点。

这个时代，日本经济综合力最强的都市当属港湾都市堺（sakai），这要归因于当时最有权势的地方豪强织田信长推行的经济及都市政策，使得很多有才能的普通市民能够得到出头的机会。后来成为日本茶道先驱及集大成者的武野绍鸥和千利休就是这个时代在堺显露头角的人物。据记载，当时的遣明船每逢从中国归来入港时，堺的码头都是人声如雷，灯火漫天。作为价值连城、举国知名的茶道具的持有状况，据统计，当时的堺甚至超过都城京都及同样为大都市的奈良而位居全国首位，可想而知，堺的经济财力及所拥有的茶汤粉丝是多么可观。对于唐物的期待使当时的人们甚至达到狂热的状态。

在织田信长的时代，开始将茶事纳入外交政事的一部分，被称为"茶汤政道"，也为书院茶开启新的境界。对于书院茶，可以做如下归纳：脱胎自禅院的茶礼；参与者为将军、贵族、武士、豪商；以装饰豪华的书院会所为据点；以拥有价值连城的唐物为荣耀；以同"朋众衆"担当茶事。

第四节　草庵茶道

到了 15 世纪后半期，与贵族武家的会所中奢华茶会场面相对照的，是渐渐地出现在都市里被称为"都市中的山居"的隐遁茶室。这种茶室看上去如同山野乡居中的草庵，在周围种植上松杉青竹，以不易受到外面注意，求得墙内清净。这体现了以堺为代表的都市经济发展致使富裕市民的审美意识产生了对生活的虚构化的追求。茶汤的大众化就像是这个时代的使命，随之出现了几位左右日本未来茶道方向的人物。

一、村田珠光（1423 ～ 1502 年）

村田珠光生于奈良，曾经做过奈良净土宗称名寺的下仆僧人。还俗后，到京都向能阿弥学习书院茶与花。同时因仰慕京都大德寺的一休禅师，后随之参禅。当时正值以幕府将军为代表的贵族武士阶层尊崇高贵华丽的唐物，是唐物庄严盛行的书院茶时代。后来经能阿弥的引见，珠光成为将军足利义政的茶汤指导，这也使得他有机会交往聚集在将军周围的和歌、能乐、花、香等当时各文化艺术领域的代表人物。身处这样的社会环境，使得村田珠光在修持严谨的禅院清规的同时得以跨越到抒情浪漫的和歌、能乐的世界，从中梳理出简素、枯寂的美意识，并在他自己主持的茶会上，首先将和物（日本制的道具）与唐物同时使用，将真、行、草组合起来。最典型的举措是将从一休禅师那里拜领的中国宋朝禅僧圆悟克勤的墨迹，取代当时早已在书院固定下来的唐绘挂在茶室，首创了禅家墨迹与茶汤的合璧。

将军足利义政曾向珠光讨问："茶的心是什么？"珠光曰："茶非游、非艺，只为达到禅悦的境地。"

当时的禅院，因受留学唐宋禅僧的影响，可以说是最汉化的领域，而且清规戒律绝对不可逾越。在这样的环境里，珠光显然是处于矛盾重重的心态。但他的启蒙禅师一休和尚却是一个出身于皇家、近乎玩世不恭的游走僧人，在精神意识、价值观念上被誉为一代奇僧。在随一休参禅的日积月累中，珠光渐渐领悟到：佛禅的修业不止限制于对佛教经典及先辈高僧言教的习得中，在类似俗常生活中的茶汤里，更能悟出禅茶一味的精神性的真髓。在一休的精神熏陶下，珠光产生逾越清规而独辟蹊径的意欲也完全可以理解。游走在僧俗两域，且可以采纳到当时文化艺术最为重要的精华，使得村田珠光将师承的墨迹供奉在茶室成为并不是不可思议的举措。也许只有他这样的身份及经历，才更能够理解如何通过这种形式上的组合，更容易使人在有限的空间里从精神上接近禅茶一味的境界。也只有他这样的身份及处境，才有条件最终使茶带着禅的精神脱离禅院。

书院茶时代在会所举办的茶会与禅院茶礼不同，茶会的主人是身为武家的将军贵族。从技术性的意义上讲，茶人与担当茶事的同朋众一样充其量也只是一个高级侍者。在宴会性质的茶席上，参加者有着明显的等级之分。这些，都使得作为茶人的珠光无法施展自己的理想。

坐落在京都绿茵葱茂的东山脚下的银阁寺中，同仁斋小书院处于一座临池建筑的角落里。只有四个半榻榻米大小的房间，其陈设可以说是当时书院样式的凝缩版。将军足利义政引退后摆脱了往日的广厦群豪，经常与文人名士在此小聚茶饮，无不充满幽寂的风情。在这种异趣的风雅中，村田珠光感悟到了别样的境地。他进而参考同仁斋的尺寸及构造，开创了素朴脱俗的四个半榻榻米小茶室。在这里，他所追求的茶事是主客同席，没有身份等级之分。使茶人在物理空间上，处于与客人面对面的位置，主客从茶事的各种精微礼法及对话中，得以直心交流，从而增加了相互理解的机会，最大限度地为体现茶本身的价值创造了客观的条件。

同样在四个半榻榻米的空间饮茶，足利义政用的是宋代曜变天门及龙泉的粉青瓷等高档茶碗，珠光只以没有烧透的天目（珠光天目）及青瓷杂品碗（珠光青瓷）饮茶。在珠光以前的时代，茶室中的挂物都是宋徽宗、梁楷、马远的绘画，没有唐物名品则不成茶汤。而这些奢侈的装饰，珠光也是无法望背的。

相对于同时代审美主流所推崇的绝对美，珠光最终选择的是从不完整、非对称中寻求枯寂、相对的美。这使他脱出了武家所注重的华丽奢侈的大名茶，而去探究能够使人从中领悟素朴的自然真谛、昂扬人的本质精神的茶汤，导引出以"质实刚健"为主旨的新茶趣。这些都为后来草庵茶的兴起提供了决定性的客观前提，也使得从一休那里习得的"佛在心中"的思想在与茶汤的融合中得到具体的体现。因此，村田珠光被后世称为"'侘寂'草庵茶之祖"。

茶道的世界里，通常将小于四个半榻榻米的茶室叫"小間"，大于四个半榻榻米的茶室叫"光間"。珠光在四个半榻榻米大小的有限空间里，综合了禅院的茶礼及书院的构造，创立了既简练又严谨的礼法。茶室中的榻榻米也在使用中产生了不同的机能而被赋予各自的名称：踏入台、道具台、炉台、贵人台、客台。条室的小型化、独立化，使桃山时代后期的市中隐型草庵茶室的普及成为可能。除茶室外，珠光还开创了包括从待合（Machiai）到茶室之间的露地（roji）在内的茶庭空间，使茶事走出草庵，面向自然，开拓了更多的可能性。

到室町时代为止，日本的茶汤都是从中国输入的唐物中选择适合的器物作为茶道具。同时不可忽视的一个现实是，当时价值连城的唐物并非普通茶人及市民百姓都能够入手的。尽管茶道中崇尚真品的风气盛行，但很多人却因没有可能具有真品而只能望茶兴叹。这样使得新一代茶人为取得茶的真谛只好另辟蹊径而开发行、草，从中找寻自己的茶天地，这样也自然催生了对真品的模仿与替代品的产生。

任何时代都会有人为了盈利而从事模仿，这是无法抑制的。室町时代所兴盛的崇尚唐物之风也催生了很多出处不明的所谓唐物，据判断，可能是当时的模仿品。但从遗留至今的资料及实物来看，日本这个时期的模仿品与原物的出入甚大，显出材料、工艺、技术等的差距。对此，很多茶人也无法勉强。他们所能做的，是在自己的能力范围内找寻答案，从而避开高价、完美的唐物，从根源于日本原来所信仰的素朴、自然中寻找美，在禅茶的境界中，追求自我的价值观。

在给弟子古市播磨法师的信《心的文》中，村田珠光阐述了对后世具有指导及开创意义的新的茶汤精神："在茶道中，最不可取的是将别人都看成是愚蠢的，而以自我为中心。嫉妒比自己高明的人，看不起初学的人。希望能更多地接近、请教比自己高明的人，对不及自己的人要亲切教育培养。"村田珠光告诫后辈亲人应该以谦虚低调的心态来对待他人。他还提出："在茶汤中，最要紧的是不要轻易将和汉加以区别，不论什么产地的物品，重要的是认识到它们的魅力所在。"

　　作为一种诗歌体的文学表现形式，在室町时代开始流行起"和汉连句"。其特征是一个人作上句以和歌起首，其他人承下句以汉诗来对接，再如此交替，咏成长歌。这种和汉的结大成之道合，也是日本自古在接受汉唐文化过程中的一种典型的表现方式。连歌在歌咏前都要书写出来，由此便产生了两种语言及书体混合出来的独特的外在形式美。不能否认，与连歌师多有深交的珠光深深地受到这种美感的启发，在茶汤中也积极地灌注进这种审美意识。

　　当时，市井庶民之间还残留着斗茶的遗风。由于没有贵族武士那样高贵的唐物来做赏品，而只能使用不入流的日本制茶道具来替代。但村田珠光却从这些粗陋简朴的国产器物中发现了独到的美，从而产生了将当时唐物一统茶汤天下的状况，转化为和唐结合的设想，并以此作为纲要，落实在自身的努力中。他认同唐物的完美、华丽，同时也提倡在吸收异国文化的同时，融合进当时还远远登不上大雅之堂的和物，以使和物中所具有的美逐渐获得世间的认同。

　　村田珠光受民间炭火盆的启发，委托为奈良春日大社做神器的土器师制作土风炉，并在自己主持的茶事中开始使用，后来被称为"奈良风炉"。还将备前、信乐、清水等地陶窑生产的日用陶器转用为水指。这些手工陶制品的原料都是普通的粗糙陶泥，在不使用匣钵的柴窑中，柴木中所含有的微量元素，会在1000℃以上的氧化还原中产生釉色覆在陶器表面。由于这些不稳定的外在因素使陶器外表呈现出粗犷、简朴、自然的表情，产生了与完美的唐物完全不同的特殊美感。此外，珠光委托奈良竹产地高山的竹工，制作出具有内外两层细软穗先的茶筅，以代替从中国传来的只有一圈穗先构造的粗硬竹刷点茶。

在唐物庄严占有绝对地位的时代，能够着眼于日本本土的器物并从中品味出另类的枯寂之美已经是一件很了不起的事情。否定唐物的完全性，将和汉两种异质的美结合起来，并以此开辟出茶汤的崭新境地，则不是谁都可以做到的。

深谙禅道的珠光虽然在开辟茶道蹊径的过程中开始设立起独自的准则，但却在《心的文》中告诫弟子：不能只以持有几件备前、信乐、清水等器物就将之理解为掌握了枯寂的美，那是大错特错的事。对于和汉结合，珠光主张的是在充分理解唐物的基础上，在充分地理解唐物所包含的完美要素后，所得到的超脱。应从内心的根底处设定高贵的品格，在理解、否定中升华到枯冷、淡寂的境地，这才是茶人应该追求及达到的修养。这些在当时的茶汤世界可以被当成异端的言行举止，成为促成茶文化从"进口"的禅院茶开始转化为"国产"的草庵茶的决定性契机。珠光在茶汤中寻求的，是人的内心深处所具有的真、善、美及质朴自然的精神真髓，如同佛禅修行所追求。这也成为后来草庵茶所依循的精神根源。

二、武野绍鸥（1502～1555 年）

在村田珠光之后，日本的茶汤世界出现了一位承先启后、具有开创性的茶人武野绍鸥。武野绍鸥出身于茶事兴旺的港城堺的豪商之家，在文学、艺术等方面皆具有良好的修养。24 岁来到京都，在四条室町筑屋，向当时的连歌大师三条西实隆学习古典文学，30 岁之前是和歌、连歌师。

作为日本的诗词样式，和歌、连歌在格式及咏叹风花雪月的内容上都受到唐宋诗词很大的影响。中国的诗多为五言、七言，字数相同、词句相对、韵律相应。词虽然不求字句对仗，但有各种固定的音调格式，根据需要进行填词作句。连歌是日本平安时代末期开始盛行起来的一种诗歌形式。先由一人出句，以五·七·五的十七音组合为上句，再由其他人以七·七的十四音为下句与上句组成基本歌词。其和句的基本做法，如同中国对句诗的上联接下联，但并不求合辙押韵。后来渐渐发展成循环百句的长连歌，最长的甚至达到千句、万句。这也是古代日本上层贵族、文人雅士集团玩乐的方式之一。

内容不能有重复，对仗的美也不是日本文化所推崇的。从残破，到单数取向，都是对不完美的美的追求。在尝试以汉俳和俳句表现同样的内容时，充分感受到各自的不同特色。汉俳的字数多，有足够的信息蕴含量。和俳的字数少，表现与欣赏两方部需要更多的时空想象力。

唐宋诗词中所含有的中国文人隐者的超凡脱俗、含蓄隐喻的精神显然也影响着日本的文坛，在日本的连歌中也有广泛的体现，武野绍鸥也从中感悟到从未有过的境地。后来，他作为茶人，将这种抽象境地以具象的形式导入茶汤的世界中。

最先，武野绍鸥将写有和歌的色纸（24厘米见方的合成宣纸，金边，日本古代写字专用）代替墨迹挂在他主持的茶会上。作为歌人，将自己崇拜的先辈的作品尊为茶席之首也完全符合茶道的精神。最主要的是，和歌在抒发对自然的情感时，和草庵茶所追求的自然精神有许多相同的境界。

武野绍鸥的茶汤学自村田珠光的弟子十四屋宗悟，可以说是直接脉承珠光的衣钵。他将四个半榻榻米茶室中的"侘寂"茶礼更加简素化，创造了初期的草庵茶法度。绍鸥之前的茶汤都是在茶室的榻榻米上铺设术台板，上面再陈设茶道具。这样占用了很大的空间及面积，并不适合小型茶室。对此，绍鸥参照镰仓时代渡宋的禅僧南浦昭明从径山寺带回的盛装茶道具的棚架以及民间使用的橱柜造型，考案出一种便利且小型化的木质棚架，可以将茶道具收纳在内，而且方便移动及携带，使茶人可以在较小的空间内施展茶事，为草庵茶的推广铺设一块关键的踏板。这种便利的棚架被称为"绍鸥棚"。

据记载，在一个夏季，绍鸥从风吕屋泡澡后，就近在隔壁安排茶事，这在当时作为风雅的饮茶形式被称为淋汗茶汤（Rinkanchanoyu）。正巧没有充足的道具，绍鸥便临时将从水井提水的术水桶直接放到风吕屋当水指使用。这个应急的做法说明绍鸥对茶道具的使用并没有固定的保守观念。此外，绍鸥还用青竹削制过茶杓与盖置，将日常生活中盛饭用的木质面桶当作建水，将志野产的粗陋茶碗用于茶事；甚至把民间的土风炉搬上茶席。

爪水桶、面桶、土风炉皆为当时市井庶民的日常生活杂器。青竹是繁殖力强盛、入手容易、易于加工的自然素材。志野地方是日本国产陶器的一大产地，与备前、有田、九谷、织部这些陶瓷产地齐名。在茶事中将和物转用为茶道具，植入这些源于身边的、富于生活气息的、出自素朴自然元素的做法，绍鸥与珠光可以说是一脉相承。这种做法传达了新的价值观念：道具并不是茶汤的真髓。如果将茶作为追求的最终境地，道具只是达到目的的工具。

珠光与绍鸥以这些来自生活中的鲜活道具，将原本高慢、奢华、可望而不可即的、以唐物为是的茶汤带入充满禅心的自然境界。其际上，在村田珠光之后，珠光的养子村田宗珠继承了其茶汤精神，在京都工商业者聚集的下京区开设了闲居式茶室，成为当时京都茶汤的代表人物，然而"侘寂"茶精神的继承者却是武野绍鸥，其主要理由有以下几点：

第一，以当时身为公卿的连歌大师三条西实隆为歌道师匠，使得武野绍鸥就是作为文化人也能得到很高的评价。

第二，作为当时经济发达的沿海都市堺屈指的豪商，武野绍鸥有雄厚的经济实力收藏名贵茶道具，这在茶汤界是受人重视的重要原因之一。在当时还是以崇尚唐物为主流的时代，用所持有的知名茶道具主持茶会，其影响自然不可小觑。虽然每次茶会参加人数不多，但记录详细，流传也很广泛。

第三，被经常来往于南宗寺（位于堺的大德寺体系禅寺）的大德寺禅师大林宗套（1480～1568年）授予"一闲居士"称号。村田珠光就是随大德寺禅僧一休参禅。大林宗套同时也是后来千利休参禅的禅师。在注重禅茶一味的日本，茶人必经禅林。和与茶关系深厚的大德寺有脉系关联，就是在今天也是一个很大的资本。

第四，武野绍鸥是当时具有相当大势力的西本愿寺的门徒。

第五，在寻求茶汤道新的审美意识中，做出很多开拓性的举措，起到承上启下的作用。

第六，他是后来成为日本茶道集大成者——千利休的师匠。师承关系，在古代是唯一的学习方式，可以体现出师徒如父子。千利休再有天赋，武野绍鸥也是他在当时众多茶人中尊崇并礼拜之师，这自然说明他有他的魅力之处。千利休的才能也只有在这样的师匠的栽培下，才能够得以开花结果。伯乐识马，才育成千里之驹。反过来，拜得良师，才会使自己插上翅膀。

作为茶的师匠，武野绍鸥慧识高徒千利休。而作为禅的僧徒，绍鸥则在其参禅师匠大林宗套的法示下，感悟出"禅茶一味"的真髓。大林宗套曾在绍鸥的肖像画上题赞道："料知茶味同禅味，汲尽松风意未尘。"这被看成是禅茶一味说的起始。

三、千利休（1522 ～ 1591 年）

千利休的登场，使日本茶道的发展产生了前所未有的变革，他在很多领域都做出了奠基性的尝试与开创性的革新。武野绍鸥这些先辈茶人拓展出来的茶经，给后人示意出通往草庵茶的方向。道具的可缩性、禅茶的亲和性，这些客观基础环境的整备，再加上千利休在哲学层次上的思考力、极度的审美观，使草庵茶汤在千利休身上大成为流传至今的日本茶道。千利休出身于堺的鱼商之家，年轻时就受流行于堺的茶汤文化的影响，17 岁拜当时的茶汤名人北向道陈为师。当北向道陈发现千利休是一块罕见的希才时，便将他介绍给武野绍鸥，使他的才能够无限地发挥。他在求拜武野绍鸥为师时，绍鸥让他将满庭落叶打扫干净。千利休打扫完后，抖动庭中树枝，重使落叶满地，绍鸥却因此收留了他。在自然中发现美，注入自己的精神将之再现，这种接受与创造的表现，是千利休大成草庵茶的源点，也是日本文化艺术至今承传下来的灵魂。

并不是具有了高超的技能就会成为好的调教师。但好的调教师一定要懂得怎样去运用技能。北向道陈在当时也是不左于武野绍鸥的大茶人，值得称道的是，他懂得将千利休这块逸才放在更适合的环境中去成长。后来的事实也证实了他的先见。

不向固有观念低头折腰，具有奔放、刚直性格的千利休做过战国武将织田信长幕下的第三位茶头，60岁被继信长之后统一天下的丰臣秀吉任命为第一位茶头。贵族武士崇尚茶汤，很多成为千利休的茶弟子，其权威是可想而知的。织田信长、丰臣秀吉作为武士阶级的代表，并没有忘记从文武双道来塑造自己的形象。所以，他不单要得天下，也要同时得到天下的珍品。当时作为奢侈品的茶道具，都是以珍贵的唐物为代表。每每举行茶事，与其说是饮茶，还不如说是珍宝披露宴、唐物鉴赏会。

　　作为茶人的千利休，认为茶应该是茶汤的主体，并极力追寻他的前辈，还原茶的本色。他懂得如何去利用自己的优势，在前人未能踏入的领域，身体力行地在细部实施自己的理想。作为实践家，千利休在长期的茶事经验中，首先，从功能性着眼，借鉴传统的转用做法，将和物转用于茶道具。其次，着手的是基于实践经验而引发的创造。将他的想象力付诸实现的，是那个时代为茶道世界推出很多划时代作品的工匠们。其中，最著名的有祖先来自中国的陶瓦工乐长次郎，他协助千利休完成了乐烧茶碗。此外，还有迁与次郎的京釜、宗四郎的土风炉。其中的乐烧茶碗，可以说是千利休为之努力实现的草庵茶的象征性器物。乐烧茶碗传达了千利休的茶道精神及价值观。他认为只有具备这种精神性格的茶具，才可以将当时"为道具而茶"的时风转化到"为茶而道具"的轨道上来，从而还茶道以原本的自然精神。

　　在千利休之前的茶道具都是转用品，而乐烧茶琬却是专为茶汤而开发制作的道具。从这点看，黑茶碗具有划时代的意义，这也是千利休被称为日本茶圣的主要原因。使用过手工乐烧茶碗，就能体会到千利休试图从中传达的意图。手工茶碗在成型时，陶工以手形来固定碗壁及口形的起伏，这样会增加碗与手、唇的亲和感。不可思议的是，这种亲和感又成为彰显个性的缘由。手工制作使每个茶碗的造型、尺寸、重量及烧成的色釉产生微妙的区别，使用者反而需要根据自身的体与感来做选择。茶道具的选择及使用也存在取与舍，精神及肉体的感知对取舍都起着决定的作用。以人为本，以和结缘。使每个人能够按照自我体感做出选择，通过器物溢放出感动内心的韵味及境界，从使用中品味它的美感，这才是上等茶道具应该具备的基本功能。千利休对于茶道具所持有的追求正是这样的理想境界。

千利休喜欢用竹，并亲手做过很多竹制花器、茶杓、盖置等茶道具。用这种在当时看来不入流的下等材料做茶道具，在凡茶具皆以唐物为是的时代，是人不可想象的。千利休认为日本蕴藏丰富的竹木资源，是普及茶道的天然资本，更容易融入草庵茶的空间。

日本民族对于竹有特殊的情结。认为这种空洞且生长快速的植物中存在着精灵，是圣洁之物，生命之源。《竹取物语》作为典型的竹崇拜，成为物语文化的先河。生活中对竹的使用更是源自古昔。从精神性及实用性两方面看，竹都不失为体现禅茶境界的最好媒介。

在一次随丰臣秀吉征战途中的茶会上，千利休将水井取水的木水桶直接放到茶席上当作水指来使用。此举虽然使当座者大吃一惊，但是从水桶可以使人感受到饮茶思源这个既朴素又深厚的崭新形式中，人们得到极大的精神感染。昔日武野绍鸥曾在泡澡后同样将木水桶放到风吕屋当成水指，但那只是一时的应急之作，场所也不是正式的茶室。千利休将木水桶放到茶室，才完成了水桶向水指的华丽转型。

石阶、木构、土壁、藁顶、竹窗、纸障、草席，自然材料的多样性及调和性使茶室成为一个独特的自然宇宙。空间狭小，却不使人感到窒息。茶席上，透过和纸障窗朦胧漫溢进微暗的间接光线，笼罩着停立在榻榻米上的黑乐烧茶碗，糙杂的土壁衬托着扭曲带结的古木床柱，竹花器在枯寂中，伸出一枝鲜明的茶花。这种素材、道具好像从来就天然地在那里，一切都自然得没有丝毫不妥。茶碗中嫩绿的抹茶，在这个空间里萌生出生命的美与神秘。

很多在今天已经习以为常的茶道具，在当时若使之登堂入室则是非具有开拓精神所不能为之的。千利休作为当时天下第一茶人，实施开创的举措确实有无上的权威，这种种转换价值的尝试，都出自千利休自年青时代就对茶汤所持有的新视点以及独自的审美意识，使他最终将茶道的真谛归结在脱世离俗的草庵禅风中，并为之不惜最终付出生命。

千利休在晚年从自然的角度强调茶空间静寂、质朴的氛围，使茶道本着禅茶一味的精神更进一步地体现出"和、敬、清、寂"的精神象征。在茶室的格局、构造，道具的材质及造型上，都进行大刀阔斧的尝试，从而开创了草庵茶的新境界，也为现在日本茶道的确立做了重要的奠基。

（一）茶汤者觉悟十体

千利休在茶汤的实践中总结出很多非常切实可用的具有指导性意义的法则，被后人归纳为《千利休百首》。其中最为实用经典的十条被记载在《山上宗二记》中，通常被称作《茶汤者觉悟十体》：

（1）外表简洁，内里丰富，以此为信念。

（2）万事要用心。

（3）从内心净化。

（4）在晨光茶会及夜话茶会，从上午三点就开始准备茶汤。

（5）慎于酒色。

（6）茶汤的核心。在冬春要顾及雪，可以昼夜点茶。在夏秋过了午后八点也可以进行茶事。在月夜，也要将釜中的炭火点到深更。

（7）要结交比我更高的人。这是智人不可缺少的。

（8）凡做茶事，茶席、露地、环境是最重要的。最好在竹木、松柏生长的地方。户外点茶时，将榻榻米铺平最为要紧。

（9）要持有好的道具（这里指珠光、引拙、绍鸥、宗易在意的道具）。

（10）茶汤者，无艺意味着一艺。绍鸥对弟子说过："人间寿命有六十岁的话，旺盛期只有二十年左右。

这样就是持续修炼茶汤的话也不可能达到完美。走哪一条路都是相同的。其间，如果被其他艺能分心的话，就只能停留于低处。但尽管如此，也要对书和文学下功夫。"

在这些基本的法则中并没有什么高深的哲理，至细的、具体的导教就好像长辈坚实的脊背。如禅宗的彻悟，更多的是靠心观体察。大学问也是在些小的精微处积累闪烁而成光芒。

（二）茶汤名人评价标准

千利休的茶，以用心为根，以创新为本。在茶道还没有以稽古的方式固定为一种家元制流派的时代，从千利休到小堀远州，都是因为具有不断的创新精神才使他们成为茶汤的名人。

《山上宗二记》中有对于茶汤名人的评价基准：

（1）具有辨别善恶良莠的眼力。对于茶道具的鉴别是最基本的条件。

（2）持有唐物。这是需要经济实力来做后盾的。

（3）是茶汤点前的达人。

（4）是教育者，必须具有茶汤的指导能力。

（5）持有四个半榻榻米的茶室。

（6）具有开创思想的能力。

千利休当然符合这些基准，也才成为天下第一茶人。而作为天下人的秀吉并不缺乏创新精神，不然当初也不会博得信长的重用，后来也不会在众多的战国大名中鹤立。他显然也希望自己对茶的悟性能被千利休认同为天下一流。可想而知，当时的茶汤是多么的风光。但在千利休的理念中只要求学茶之人将该做的基本功夫做好。这最易却又最难的个中真髓，丰臣秀吉就是能悟到，也不会做到，因为他不是茶人。

千利休的"利休"二字，也正是在他辅佐丰臣秀吉向天皇献茶之后被天皇命名而致，意为"利可休矣"。然而，利可休，名却不可泯。千利休最后被丰臣秀吉赐死，其原因有很多推断，成为留给后人猜测的谜。千利休的禅号为易宗，在他之后日本的茶人宗匠都要到禅院修行得号，以在禅界求得正统正宗，先得禅心，再求茶道。千家茶流也效仿这个禅宗的衣钵承传，凡千家系流派的弟子徒生最终出师时，也可以从家元处取得一个"宗"字，以此来佐证茶道修行的资历。

然而，从茶家得来的宗号，显然不同于在禅家得到的宗号。其含金量也不可比拟。但也由此可见，禅茶一味在日本还是从形神两道得到承继。虽然表面上看去会使人感到有时形多于神，但体现神的外在媒介却不能离开形。

禅宗修行严谨，不但有坐修，还有棒喝。其精神实质始终强调一个"破"字。昔日六祖的一句"菩提本无树"就破除规矩，却因此得到衣钵。这与"拈花一笑"实际上是异曲同宗。在所有使人费解的禅宗公案中，问题也许并不在于答与不答，而更多应该是问与不问。本来就不可能有的答案，去问得到的也只能是非所问的答，何必还偏要去问。但没有答案的追求，又为何存在千年？这才是人类的浪漫！每个普通人都应该有各自的菩提，都可以达到菩提，只看是否自悟。这与"渐修"或"顿悟"的方式没有关系。花开五瓣，也都各呈千秋。

这种精神反映在茶里，也同样并不单单是怎样饮茶和饮什么样的茶的问题。如果只从茶中就可以寻找到人生真谛，珠光、绍鸥及千利休就不会花这样多的时间及这样大的精力来铺设这段通往浪漫的天桥，搭就这块冥悟大千的飞地了。从另一个角度，茶道也可以被看成是将禅宗精神的传播更加人性化、亲民化、普及化的一个方式。茶道家元修得禅茶两宗，也是为得到神形兼备。

第六章　日本茶事文化

第一节　日本春季茶事

一、二月节分茶事

日本自古将一年之中的立春、立夏、立秋、立冬的前一日，作为节气的划分之日，称之为节分（Shetsubun）。每年二月四日左右是大寒的最后一天，立春的前日，被看成如同"年三十"一样重要的日子。节分之日主要的行事是驱鬼招福。节分祭事是来自中国的古老风俗，至今还有很多地方保留着"破五""送穷"等讲究。

日本从平安时代开始，宫中皇族都要举行"追傩"（Tsuina）的古典礼仪，以驱赶魔鬼。但那时魔鬼还只是一种虚化的存在，仪式也是一种抽象的形式。后来，佛教美术中渐渐出现了为教化大众而针对鬼神的具象描写，民间艺能受其影响也出现了有魔鬼形象的内容。

到了室町时代，宫中"追傩"礼仪衰消，开始由各地的寺院神社通过各种通俗的方式来传播节分礼仪。最有代表性的方式是撒豆驱鬼招福。日语中"魔灭"的发音"Mame"与"豆"的发音相同，抛豆驱鬼被看成是农耕民族信仰富有生命力及驱魔力的农作物而演化比来的形式。室町时代丈安四年（1447年）的《卧云日件录》中记载有"散熬豆因唱鬼外福内"。这成为今天抛豆以驱鬼，吃豆以招福的"福内鬼外"之说的最早记录。

如今，在节分之日，著名的寺院会聚集起各界知名人士前来助兴，将装有黄豆的小纸袋抛撒给来寺院参拜的人们，意味着驱鬼。得到黄豆则意味着招来福气。一豆两用，合理经济。

人们讲究将得到的黄豆按自己的年龄数再多加一个吃掉，这样便会驱掉未来的灾邪，求得一年的健康好运。我们经常可以看到，在寺院接受抛撒豆的人群最前面，经常是老年人为多。这一个是因为年轻人的谦让，另一个原因是，一包黄豆只有二十几粒，如果得到超出自己年龄的数量，一定要很多包。这样就需要尽可能地站在前面以便增加机会。如果没有机会去寺院也大可安心，因为这一天，从元月中旬便到处都有包装精美的熟黄豆可买。将该抛的抛掉，将该吃的吃掉，自己来解决问题。当人们在外面抛豆打鬼之时，茶人则以自己的方式来度过节分。

"立春大吉祥""福寿""千秋万岁"等吉语佳句，是此时壁龛挂轴的首选。床柱挂上青竹花器，插上红白梅，或以水仙配红梅、红梅配春兰。年初茶事道具的装饰图案中，多以梅、雪、椿等体现季节感，以福、寿、吉祥等体现祝福。

抛豆打鬼的习俗在茶事中则体现得更为讲究，以各种鬼面及福娘的形象作为主角，配合各种象征豆的形象，演出着独自的节分趣味。备炭火、焚练香、赏香盒、听松风、品浓茶、驱鬼邪。

自古奈良东大寺在每年正月，都举行迎接主司本年丰穰平安的岁神的行事，同时在寺内的二月堂举行取水的礼仪。在僧房向本尊礼拜时，僧人们用牛玉杖（用细柳树杆做成）挑着除厄难的护符牛玉札祭挂在墙上以降魔。由于牛玉杖具有的这种特殊的价值，每年由知名的传统茶杓师用牛玉杖加工成茶杓，在正月的三日里赠送给被招待来参加大茶会的参拜者。

真言宗大本山所在的高野山，在新年正月的1、2、3日于奥之院和金堂，5日于根本大塔三个地方也举行类似的参拜祭事。每逢这时，高野山所在的117所寺院的住持们都要集中举行大法会。这最早是作为僧人们忏悔罪过的佛礼，现在成为每年祈祷除灾招福、五谷丰登、国家安泰的重要仪式。在大法会的终盘，众僧丈同时用3牛玉杖敲打地面（敲堂），一是为撼神佛，求一年息灾；二是为造声威，以驱赶鬼邪。大法会结束后，依传统习俗要将这些牛玉杖按先后顺序赠送给当天来寺院的参拜者。喜好茶的人再模仿东大寺的做法，将牛玉杖削制成茶杓。寺院里，牛玉杖的使用方式虽然各有千秋，但最终都与茶结下了不解之缘。

佛教中有千手千眼观音、药师观音及杨柳观音，他们有一个共同之处，就是手中都拿柳枝。柳枝是消病除灾的象征。若祈求幸福，首先就要消除灾难。茶道若要使人们在精神境界上得到升华，赋予道具以特殊的象征意义就显得无比重要。而这些象征意义的历史由来则更具有迷人的说服魅力。茶自古就作为一味中药由寺院禅房繁衍到民间，以同样具有药性的柳木作为茶杓的传统，说明佛教禅宗在说教的同时，也将施医治病作为一个主要辅助手段，以此来博信于众生。

　　茶道中所承传的是禅的精神，不是教义。这种精神通过各种道具中所涵盖的象征性传达给修行者。在这里，对茶道具的执着与讲究，如同佛教信物的开光。不论这种结缘的起源如何，茶席中使用这样一柄茶杓，都使茶因此而更具禅风！

　　二月，水仙已舒展开玉颜寒香，梅花也绽放起孤高红晕，但晚冬枯萧瑟，寂雪尚绸缪。茶道的生发之地京都东西北环山，冬季并没有东日本那样的长久积雪。从日本海吹来的冷空气促生成飞雪，沉积不久就又会在东南方的太平洋暖风中融化。因此，以春花、秋叶闻名于世的千年古都却很少有机会披露其冬雪的美艳。人们珍惜樱花数日、半月红枫的短暂时光，而瑞雪覆盖的京都更是瞬间绝景。

　　每当降雪之日，就是本地住民也会黎明即起，踏雪东寺，观赏一回因白皑皑的冠雪而减轻平日具有的厚重压抑之感的五重塔。或赶往金阁寺，拜览一眼稀有的飞雪扬花中的金银合璧。足下矫健的，更不会错过伏见稻荷神社那蜿蜒壮观、瞬间即逝的红白绝配。只要时间充分，准备周全，还可北上大原，到雪更深、境更幽的三千院，将樱花、红叶此时的残景加在白色无垢的世界，去寻找四季风情中的牧谿、雪舟。

　　正因为有这般境界，爱茶之人将"雪见茶事"作为这个季节最抢头又珍稀的风物诗。为此，在冬季的瑞雪黎明，茶人便会早早掸雪飞石，烧炭焚香，约朋唤友，伴着梅影松风，观赏最佳雪姿。这境界，堪称是天人合一的一期一会。

对于茶人，这是只有在冬寒雪降之日才得以试练的修业。作为来客，更是一生也难得遇到的经历。宁祥恣荡风雪舞，红门相吻醒冬眠。一服浓绿化千古，万盏澄心兆丰年。

二、三月雏祭茶事

大地渐渐回暖，粉红色的桃花、淡黄色的油菜花渲染着乡野村山。古来这是踏青春游的季节，而日本的三月最受注目的是雏祭。雏祭的风俗最早可以追溯到起源于中国周朝的三月三日上巳的祓禊。这天人们会到河边用水净身，以驱邪除恶。后来这个习俗演变成用人偶替代人间承受灾厄，将人偶用小船盛载放流到河里，灾厄也就随之消解。

古代日本宫廷贵族模仿沿袭这个习俗，在三月三日将称为"天儿""这子"的人偶放在幼儿的枕头下，作为替身，以转移灾邪。据《源氏物语》记载，后来这种带有宗教迷信色彩的人偶被平安时代宫廷贵族的子女当成了玩具。为迎合皇家贵族的嗜好，人偶逐渐被做成各种高贵、豪华的宫廷样式。因这些人偶造型娇小可爱如同鸡雏，从而被形容为"雏"，"雏人形"的称呼便由此而来。三月三日后来成为女孩子的节日，凡是生有女孩子的家庭在三月都敬供雏人形以求吉祥。

在幕府武士时代，身份地位高贵的家庭在女孩子出嫁时也都要用雏人形作为嫁妆。为此，能工巧匠们尽其能事，将一个个小小的人形塑造得精巧华美，材料也多种多样。由最初的纸雏发展成用各种高级织物材料做成的立雏、坐雏。主要的人形多为男女一对，装束模仿当时皇家的亲王妃子、宫廷贵族。后来更发展成配有宫女、雅乐队、文武官、歌人贤女、侍者卫士等不下几十人的组合。为了能安置、展示这些人形，出现了三段、五段甚至十几段阶梯形式的装饰台，铺装上红毯，奢侈至极。到后来，幕府为此一时不得不制定出规制限度的法令来禁止、约束这种奢侈。

三月里，大自然中最风雅的景色还是桃花。最早捕捉到这风雅景色的是陶渊明，并且记载在《桃花源记》中的武陵源桃花仙境里。不论是战乱之时的避世，还是和平之年的闲隐，作为美好的理想，桃花源在任何时代都是人们向往的理想之乡。自古桃花就被作为幸福美好的象征，也被当作驱毒健身的吉祥之物，连桃花浸泡的水都被用来驱邪气、壮精神、延寿命。《桃花源记》作为陶渊明笔下的千古仙境，流传到日本便成为雏祭时宫廷礼仪的源考。在三月三日上巳的祓时，古代日本宫廷中按照这个习惯，在白酒中放进桃花，饮以祭雏。中国武陵地方自古产酒，如果能让人们在饮酒中感受到流水桃花，该是多美又真的境界，三月的茶事自然也与酒分不开。

各个茶道流派都会以儿童茶道教室的形式与幼儿们进行交流，使孩子们在这个值得纪念的传统时节里接触茶文化，使幼小的身心尽早得到传统文化的熏染。这样的日子，幼儿园、小学都会不失时机地将之作为与家长交流的机会，请家长前来参观。茶道专家在教习完孩子们各种茶道的规矩做法后，孩子们再以前来参观的家长为对象进行茶礼的复习。女孩子们穿上多彩的和服，如同雏人形一样可爱。看上去勉强捧得起来的茶碗几乎将孩子们的小脸全部罩住。从孩子们似懂非懂却认真无邪的情态中，人们会感受到早春的天真烂漫。传统就这样在看上去如同游戏的过程中融入孩子们幼小的心灵。

为了三月的雏祭，日本的果子屋可以提供丰富多彩的茶点心，从材料、造型到色彩都丝毫不逊于如同雏人形般可爱的和装女孩子们。雏茶会并不是女孩子们的专利，更懂得雏祭含义的还是当今占有绝大多数的奶奶辈的茶道爱好者们。她们会不失时机地在三月里淡妆素裹，相约小聚，在各种场合、以各种形式来唤起已逐渐遥远的少女时代清澈透明的记忆。伴着这些记忆，茶席中的钓釜也为三月里的茶事增加了特色。钓釜不用五德支撑，而是用从天井上设置的蛭钉垂挂下来的特殊锁钩悬钓在地炉的上方，原始篝火的味道十足。

也只有在这个季节，从茶室外面徐徐吹来的爽爽东风会轻轻摇曳着钓釜，使主客预感到春天正在翩翩掩映而来，带给人们一股青春的动力。茶事，是含蓄地释放这种情怀的最好形式。文雅、悠然、和缓、清寂的气氛，正适合慢慢地显现出脑屏上淡薄了的青春靓影。随着钓釜若有若无的音韵，细细地溢绽出沉积在每个人心底孩提时代的摇篮曲。在人生中每一年的三月里，每个祭雏茶会的参加者在心理意识上都会将自己作为主角，使精神状态再一次回到少女般的世界，空气也变成了淡淡的桃红色。

三、四月赏花茶事

四月，是万物复苏、百花始放的季节。春回大地的涌动，使人每时每刻都感受到冉冉绽放的生命活力，随处随地都可以看到充满希望的梦想。在日本，四月更因是樱花盛开的季节，而具有特殊的意义。

樱的日语发音为 Sakula，在昔日没有文字时代的大和语言中，Sa 被认为是形容神的美丽心魂，kula 是指魂的归宿。作为大和民族的心魂，满开的樱象征着美丽的神。自古提起花就是指樱花，提起花见就一定是赏樱，这是日本全民族的传统祭奠。上自老人下至婴童，在这个季节都要一年一度的沐浴樱花的洗礼，从中感受生命中存在的超然与神圣。人们在这个季节苏醒、更生，让被寒冬暗淡下来的灵魂重新点燃起希望，这就是樱花在人们心目中的价值。从几位日本历史上的知名文人所作的歌咏樱花的和歌中，可以对樱花在日本人心目中的形象有些许了解。

被后人誉为樱花歌人的平安时代的强行法师，一生作过 200 多首和歌，其中大多数内容是歌咏樱花。他在一首和歌中咏道："如果说到祈愿的话，莫如在如月里死在樱花下。"如月是旧历的二月，西行恰如歌中所咏，如愿地在公元 1190 年如月的十六日死在樱花盛开的季节。

将自己的一生奉献给研究日本人的心的江户时代的国学者在所作的和歌中，将日本人所具有的心形容为映照在朝日中的山樱；被尊为日本俳圣的松尾芭蕉对樱花有过这样的形容"诱发种种回想的莫如樱花"。这些歌词中，作者都是以某种方式，将心灵与樱花牵连起来，在樱花中寄托自己的精神。

自古，在诗歌、物语、书画、纪事中对樱花的表现可以说穷尽手段。在这样令人陶醉的樱花时节，茶也是主角。在待合室内挂一幅画眉赏樱图，房间角落里装饰一折画着垂樱的风炉先屏风，喝一杯茶人准备的樱花茶。即使是在室内，也能完全领略得到樱花满天的意境。如果庭院中有一棵樱花树，那就将障子门窗都尽情地打开。席地而坐，眼前就是一幅画卷。此时才领悟到日本的和风建筑结构的意义所在，与自然会如此轻易地融为一体。

赏樱何顾东山后，庭前自有花雨时。如果壁龛中再挂一幅唐末禅僧雪峰义存所作的"百花春至为谁开"的颂偈墨迹，会使人产生更多的臆想。因为日本不是汉语语源，所以，尽管随着佛教的传入、遣唐使频繁的往来，在历史上又曾经一度使得汉唐文化得到极大兴盛，但就是在汉文化最盛行的平安时代，佛祖、禅宗的法语偈文也不是一般人都能够理解的。

自村田珠光后，草庵茶事中如果不挂一幅禅宗墨迹则不被看成为正宗的茶汤风雅。正如江户中期的茶书《茶道望月集》中所述："在小茶室使用的挂物，以诸祖师的墨迹诗文、佛祖法语为最，其次是画赞及和歌。"但是在诸多有记载的茶事中，虽然对时间、地点、参加人、道具等很多细节记述完璧，但对极为重要的墨迹的内容做出详细说明的记录却微乎其微。诚然，佛法的深奥并不是所有的世间凡人所能感悟，但在桃山、江户时代草庵茶的世界里，"祖师的名第一，文字内容第二，外观的书体、笔记的形式为次《山上宗二记》"确是当时对墨迹价值的真实描述。只要是名师的字迹，对内容是否理解被看成是次要的。书体只要呈现出整体韵味，作为体现佛心禅迹的外在形式也足以使茶人们去从中追慕禅茶的真谛。

在茶事中，首先主客要面对的就是壁龛中的墨迹。被茶人视为精神根源却难以做出详细的解答，也许正是因为禅语难译之因，武野绍鸥才将和歌怀纸（Kaisi）作为墨迹的代用。与茶道具的和汉结合有着异曲同工，挂轴的和化也成了历史之必然。在平安时代，和歌是皇家贵族参加的文化行事。怀纸作为日本传统文化中的一大特色，原本是在和歌、连歌、汉诗等歌咏仪式时所使用的公式传写用纸。在等级森严的上层阶级，就是这样的日常用品也有着明确的等级差别。天皇使用的怀纸长度规定为45.4厘米，亲王、摄政王为39.4厘米，大臣到参议为36.4厘米，再之下的等级身份的人为33.3厘米前后。

古代的日本，上至天皇下至公家贵族、文人墨客，在外出游乐及聚会时，将随兴赋歌咏俳作为风雅，常在随身携带的怀纸上即兴写作，还将怀纸当作信签使用，从而也就产生了以怀纸为媒介，甚至以怀纸为名这样一种文学表现形式。用怀纸书写的和歌等文学作品通常被称为"某某怀纸"。如后鸟羽上皇在巡幸熊野的途中举行的歌咏会上所写的和歌被称为"熊野怀纸"。在茶道界，以将镰仓时代初期的贵族歌人、《小仓百人一首》的撰写者藤原定家（Fujiwarano Sadaie）的和歌怀纸挂轴最受尊崇。

平安时代宫廷贵族们外出时，皆随身怀揣一叠两折的小型和纸，男性用和纸略大于女性，为17.5厘米×20.6厘米，女性为14.5厘米×17.5厘米。男性用和纸以白色为主，女性则多为彩色且带有暗纹。这种实用性的和纸被称为"怀中纸"，在茶席中可以代替盘托盛茶点，也作为餐纸及手帕，称得上是一种多功能用品。

用怀纸作歌书写的习俗已经成为过去，但实用的怀中纸却随着茶道的发展被使用至今，成为茶道中主客都不可或缺的道具。现在往往将在茶席中使脂的怀中纸略称为怀纸，而将古代书写用的怀纸称为和歌怀纸或诗怀纸。

茶事中装饰在壁龛中的挂轴需要有与季节相关联的内容，注重描写、表现天气、季节的和歌怀纸正好适合了这样的要求。此外，多以平假名书写的和歌怀纸易懂、数量多，这些都是被茶人选为禅僧墨迹的替代品的最大理由。平假名是一种根据汉字的草体提炼出来的笔画简单的字体，每个字虽然没有单独的意义，但在语言的组合性能如同英文字母。此外还具有极强的书写表现力。平假名与汉字相组合，在视觉效果会成为极接近绘画艺术的手法表现形式。

宋禅僧圆悟克勤的墨迹与藤原定家的和歌怀纸的区别：一个因全部是汉字佛经，内容不为人知。一个是以平假名与汉字组合书写的记录片断，内容也许与禅茶毫无关系。后者可以代替前者挂在壁龛内作为茶事的主要道具。禅宗讲究顿悟，在很大程度上注重意会，这体现在很多禅宗公案中。伽耶对佛祖的拈花说教只用微笑来示意理解，便被授予真谛，这已经成为"拈花一笑"的成语，但其内涵也许只有两人之间可知。

村田珠光、武野绍鸥、千利休皆出自禅门，他们对禅家的这种言外精神不会没有领悟，这一点也鲜明地体现在创造草庵茶的种种作为上。自村田珠光提倡茶道具要和汉融合开始，武野绍鸥、千利休将和物代替唐物的作为也需要启用意会之感，进而达到顿悟之境。

武野绍鸥最早将和歌怀纸挂轴用来代替禅僧墨迹，这虽与他自身曾为歌人有关，但也显示出他具有足够的艺术修养及想象力。何况，和歌的内容也多是围绕季节这个主轴来叹咏，只要在此点上与茶事相吻合，就没有不被选为茶道具的理由。在和歌怀纸的表现上，书体的和汉结合也不与草庵茶风的和汉融合精神相违。从而，在茶道具的层面上也使墨迹完成了历史性的转换。

赏花作为日本民族的风雅行事，每个人从漫天樱花飞舞中领悟到的都是各自的缤纷千华、风情万种。但有一点是相同的，就是心动。大自然丰富的外现，造成了日本民族对四季的特殊感受与追求。四月的茶事中，可以让你陶醉在樱舞茶香里，体会真正的赏心悦事。日本的樱花已超出通常花的概念。在四月，庭院里、街路边、溪流旁、原野上，到处都是樱的海洋。与其说人是在赏花，还不如说是被花海淹没。此时如果在野外举办茶事，樱景便成为野点茶事的免费午餐。

在有樱树的庭院中开茶会是这个季节最奢侈的行事。可以用立礼式茶道具在庭院的任何一个角落，铺设红色茶席，撑起一把红油纸京伞，就成为一个豪华的室外赏花舞台。在樱树下，万绿中，没有脱鞋的烦琐、免去正座的拘谨，尽情地沐浴樱花的温馨，上演十足的赏花茶情。这个季节，在室内的赏花茶事品味的是樱花的意境，而在室外举行野点（Nodato）茶事，却可以沐浴在樱花的海洋中。野点的环境或是庭院，或是野外，相对室内茶席减少了很多程序。不用茶挂，不用茶花。当初千利休就经常用茶笼进行野点，也因此逐渐完善了野点的道具及相应的规范礼仪。野点茶道具趋向小型、便携。茶碗、茶笼、茶笼筒、茶中筒、茶杓、香盒、茶器、帛纱，这样一套茶道具盛装在漆器茶箱或精巧的手编竹茶笼中，在野外满开的樱花树下，一盏抹茶会使赏樱更增加雅趣。

清流园是近代日本代表造园家中根金做设计的作品，因园中布有一千多块奇石而著称。园中一角的绿茵草坪上，及地的垂樱雨幕拂撩着红色茶席，三五结群、闲庭寸步的和服美人，似多彩的蝴蝶逐春舞樱。满开的樱花不时随风吹雪，引来远近高低片片失声叹贺。正醉樱梦里，一盏小巧精致的手绘五彩清水烧茶碗盛着抹茶被捧到眼前。不知何时，白中透着淡粉的樱花瓣飘飘漫舞地落在端起欲饮的茶碗中。此时此景，"百花春至为谁开"的意境顿开。所谓："风华荡尽启春回，虚实远近不思归。弥心漫月追梦去，转生再来只为谁。"这真是禅语"花开蝶自来"的境界。

第二节　日本夏季茶事

一、五月初风庐茶事

五月已经到了立夏之时，温风时时夹带着赤热。日本在昭二十三年（1937年）将五月五日端午节这一天设定为男儿节。崇拜中国传统文化的日本，将鲤鱼跳龙门的传说演化成家族对新生儿健康成长、立身处世的愿望与祈祷。每逢男儿诞生之年的五月，都会在屋外醒目的位置竖起长杆，挑起多彩的鲤鱼旗，迎风飘舞地祷告天神，祈愿守护。更有的地方在湍急的河川拉起横跨两岸的长线，上面挂满鲤鱼旗。迎着顺流而下的溪风，鲤鱼旗的姿态真好像逆流而上，竞登龙门。因此，五月也是祭祀的季节。

作为千年古都，京都在一年中有三个最重要的节日。其中的葵祭每逢五月十五日都在京都的上贺茂神社举行。届时会有古装的仪仗行列、骑射、走马，完全是1400年平安时代的宫廷样式。从中多少也可以窥见出些许唐朝遗风。

趁着晚春的爽风，茶家会选择佳日撤掉钓釜，将地炉清理干净，再庄重地将榻榻米封塞起来。这个重要的仪式叫"炉塞ぎ"（Rofusagi）。为此，要同时举办名为"炉の名残（Rononagori）"的纪念茶事。"名残"具有对过去和即将过去的事物加以感怀、纪念的含意。这种意境会使人充满怜惜、怀念的心理，为此而去品味遗韵、感受其残留下的余情。这也是名残茶事的趣味。炉的名残茶事结束后，茶室便开始换上风炉，也意味着温暖季节的到来。每年在此时开始第一次用风炉进行茶事，称为初风炉。等到夏季结束，月末、十一月初才又换上地炉。

威风堂堂的风炉永远是茶室标志性的景观。风炉上的茶釜犹如战场上坐镇的大将军。与三月雏祭相对照，五月茶室的装点充满了男儿的雄风。通常会在壁龛的台面上端庄地装饰起古代武士兜盔造型的工艺摆件，再挂上赋笔鲜明大气的禅语墨迹，一派清新凛爽的硬朗气魄，将茶室的气氛从寒冬季节的暗淡低调中催生出一片高昂的阳刚。茶室壁龛中悬挂的禅语是茶道的精神源泉，从中可以使人得到鼓舞，受到启发。但是在历史上，贫困茶人并不在少数。穷苦的读书人往往困于学费，而手头拮据的茶人却闲于没有钱买道具。

无论在古代还是现代，道具始终是茶道中传达和体现茶的精神的主要媒介。但价值连城的茶道具并不是具备了一颗茶心就能够承担得起的，这使得很多初踏茶境的茶人甚至只能从师匠或友人那里借来自己喜欢的茶道具来开办茶会。相反，因持有禅宗墨迹、名句警言，而只是用来作为装饰却根本不悟其理的人也不见得在少数。在墨迹中领会禅的精神，在道具中体悟茶的底蕴，这才是茶人的终极所求茶道，也是人生之道。

日本茶界有这样一种说法：从茶事中得到乐趣的，茶主为七分、客为三分。茶事从准备到实施，这个过程本身对茶人都充满了很大的挑战性。选择道具、选择客人、选择话题，组合道具、组合客人、组合话题。这一选一组是茶会准备阶段需要花去相当精力的作业，选择是一种设想，需要素养，需要积淀，也需要勇气。组合是一种构思，需要才能，需要经验，更需要创意。在没有结果前，任何选择、任何组合都充满着可能性。可能性有千千万，追求就有千千万，乐趣也就有千千万，但从中也会使茶人得到相应的乐趣。

客人，只是从选择与组合的结果中来领会茶主的意图，来品味茶事的雅趣，来捕捉禅茶的共感。从中去试图找到自己，再找到佛。达到这种境界的三分也足矣。如果稽古是茶道修行的开端，那么它的另一端则是创造。每次茶事都会沸溢出这种充满创造性的乐趣，这也是使人充满成就感的茶道的最大魅力。

二、六月正午茶事

六月在日本是梅雨季节。湿闷压抑的天气给茶会的实施增添难度。参加茶会的客人不但出行需要打伞，还要考虑穿和服后行走的便利性。晴日，和服美人踩着小碎步也许是最吸引人眼球的风景，只要来到京都祇园周边，就会看到三三两两的艺伎穿行于料亭间窄长的石板小路上。此时，京都犹如一块温厚典雅、有着久远传统的西阵织锦。人们在密密层层的纵横网络中寻找昔日的风华和今日的光彩。和服美人就是其中游动的亮点。

因为环境以及遗留下来的传统风习，京都女人常喜爱穿和服。穿和服自有特殊的规矩礼仪，从举手投足就可以看出是否正宗。在路上如果看到昂首阔步、左顾右盼的和装，就是美人也不称之为美。和服的穿着更不是简单之事，即使持有和服的人也不见得穿得好。因为服装的层次以及配套的杂件繁多，甚至没有人协助的话一个人都很难穿上。这也是繁忙的现代人不愿意穿和服的原因之一。

炎热的盛夏，穿着和服一天下来，领围、腋下、背中都要渗透进汗水，如果不马上洗涤就存放起来，丝绸材质一定会因汗渍出现黄斑再也洗不掉。和服的洗涤、熨烫也是一个很不简单的过程，往往个人是做不来的，要送到专门的和服店处理。有时甚至要拆开清洗，然后再重新缝制起来。平时的保管，和服也与普通的服装不同。由于不能折起，也没有足够的空间——挂起，就需要保管和服的专用橱柜"和箪笥"（Wa Tansu）将和服展开保存，所以古代女孩子的嫁妆中也包括盛装和服的"箪笥"。有钱人家将"箪笥"做得华丽厚重，集木工、雕工、漆工、金工于一身。年代久远、工艺精良的箪笥堪称艺术品，成为珍贵的收藏对象。

日本女人为了一次茶会是一定要穿和服的。更有的女人是为找机会穿和服才参加茶会。不止茶道，其他如花道、香道、书道，甚至一次普通的聚会都会成为穿和服的理由。和服具有其他服饰所取代不了的魅力，也使穿上和服的女人们增加了几倍的自信。在阴雨天气，迈着碎步，打起传统的油纸伞，在栅栏裹壁、竹帘隐灯的和风巷里，或在樱雨缤纷、岚溪吹雪的山径郊外，如果看到这样的景致，总是会让人想起浮世绘的画面。茶道中最正规的正午茶事，是抱有自信的茶人显露腕力的绝好机会。六月的茶事，就这样在充满想象的清晨，带给来客一扇清风，一丝凉意。

（一）待合的凉

自古，和式房间在秋冬季节为了保暖，使用的是和纸裱糊的纸拉门窗。按禅茶室礼，夏暖时节，茶室便要将纸拉门窗撤下，换上半透的竹帘及竹格窗。透过竹帘看到茶庭露地的光景，会使人的呼吸都感到畅快。时时穿堂而过的习习凉风，传达着主人的深情关照。在待合房间的墙壁上装饰一把绘有翠鸟的折扇，就好像窗外流淌着清清山泉，翠鸟随时会一跃追风而去。

（二）露地的凉

计划谨密的茶人会准确地把握茶会之日来客的时间，以使撒向每一块青石、每一片绿苔、每一枝绿叶的每一滴清水都以最佳状态渗透出清爽快意。

为了茶事，茶人要将露地中大小高低、材质不等的青石一块一块地清洗干净，淋洒上清水的青石会更显深厚幽玄，犹如滋养在深山古溪中的卵石清凉透彻。履步其上，就如同踏石过溪，清凉之感会从足底直上清明。

（三）茶室的凉

壁龛中如果挂上一幅描绘着绿枫清瀑、白鹭戏水或翡翠探溪等内容的茶挂，定会心下快意，沉浸于无我的景致之中。夏天的挂轴画以色调轻快靓丽、构图空旷宽阔为最。山水云溪可以体现无限致远的情怀，蝉喧蛙鸣则又会使人回忆起当年的诙谐童趣。绘画可以使人忘却眼下，也会使人在精神上超脱现实。如果使用墨迹，这个季节要相应地避免沉闷灰暗、厚重稚拙的体裁，以轻松活跃的书体、悠然凛丽的题材来衬托盛夏茶事的气氛。

到了夏季，茶室除在纸拉门窗外挂上竹帘以便遮阳通风外，室内的地面也要铺上编织的凉席。棉料的鹰布垫也要换上竹席垫，使视觉和触觉同时滋生出凉意。

自草庵茶开始盛行至今，由茶人、武士、火名、财阀、高僧、文士等制作使用不计其数，遗留至今的茶室遍布在日本各地。其结构、空间的构造也是千室千面。在日本能够有一张茶桌、一角茶隅、一个兼用的茶空间往往就可以风花雪月，但执迷于茶花的茶人们却一定要在露地草庵中演出春夏秋冬。

夏季的茶事通常要在宽敞的茶室进行，此时不同于通常的一点就是要在放置茶道具的榻榻米的内侧设置一个低矮的两折风炉先屏风。按榻榻米的规格，尺寸规定为高二尺四寸，单幅长三尺五分。

作为茶席中的一种结界，屏风可以规划出茶道具放置的空间范围，同时也起到具体的作用。通常的屏风是用和纸、织物、漆木制作而成。裱装在表面的和纸上还有根据季节的不同而作的绘画及图案。

茶室中因为位置的安排，有时主客间正好被屏风的一扇间隔，这样，就是低先屏风也会遮住席地而坐的主客，方便主客之间的面对面交流。为此，屏风还被设计成各种开放通透的式样，使之既具有结界的功能，又不影响主客间的交流。

夏季使用的屏风也会设计成上下两部分，下面是纸地或木地，画上各种风景，局部则做出各种透雕木格，以起到透爽清凉的作用。

（四）茶花的凉

受梅雨滋润的花草，水分充足、花叶茂盛。以紫阳花（绣球）为代表，还有萤袋、竹紫兰、菖蒲、白丝草、夏椿、姬百合、金丝梅等，作为六月的茶花，它们可以毫不担心地演绎出丰富的夏季风情。

但体现茶花的凉意却不能忽视花器的搭配。清爽的青瓷、空透的竹编篮笼都是最佳选择。同时也不要忘记插花完成后，在花与花器上喷洒些水雾。这样，附着在花及花器甚至墙面的水珠会使人联想到结露凉爽的清晨。

（五）茶道具的凉

虽然传统的茶道具都是金属、陶瓷等厚重材质，但如今玻璃、水晶甚至合成塑料等具有玲珑剔透品相的器物也越来越多地登上了茶道的舞台，玻璃茶勺、水指、茶碗、盖置等这些由透明材质体现出来的清凉感，在夏季的茶舞台上越来越活跃。具有温暖材质感的漆、木道具在组合中会起到衬托透明、清凉材质的作用。

（六）茶怀石的凉

六月的梅雨季节，茶怀石以道具精练、程序简单为准。将料理的时间缩短，将时间留给之后的饮茶过程。为此，六月里的茶怀石通常采用被称为伏伞怀石的形式。顾名思义，与伞有关。

茶怀石使用的饭、菜、汤碗都配有盖。进食期间的碗及盖都有固定的放置位置，拿取有标准的方式，进食完后要将盖放回原处，这些都继承于禅院礼仪。但在仲夏之际，减少多余的程序，使人更多感受到清凉爽心是茶事的功夫所在。为此减少了怀石餐具中的碗盖，在进食结束时，将汤碗扣在饭碗上做盖使用。因汤碗的形状比一般的碗盖高，扣在饭碗上，状如伏伞，伏伞怀石的雅名便由此而来。茶果子的阴历七月已经是小暑季节。古人为了乘凉，在现实生活中非常注意借助水的元素。除直接的以各种方式用水降温外，利用水的抽象概念来影响人的想象以达到精神性的降温作用也是各个行业的功夫所在。日本的传统文化生活中，这个时节的季语以泷、瀑、滴、泉、溪等与水相关的内容为多。在传统和果子的创意中，至今还保持着以各种材料、形式来表现水的意境的手法。

首先，以视觉效果作为切入点，追求明快、透爽、亮洁、鲜润等意境。使人先入为主，产生凉的心理效应。其次，彻底地挖掘各种食材，将其表现到极致。缺乏自然资源的日本，自古以来就十分注重对自然素材的充分利用，一物多用、借用、兼用等已经成为具有代表性的表现手法。丰富的表现力在和食中也得到了充分的体现，和果子在再现四季风情的艺术表现上已经达到了教科书的水准，在日本甚至成为人们生活中不可或缺的陶冶修养的元素。

素材的利用除视觉外，也体现在入口的清凉感上。古人在没有制冷制热设备的状况下，对视觉、口感的追求应该说更胜今人。如今在继承传统的基础上，软、润、滑再加上低温，使茶果子传达给人的夏凉更完美。借用季节性的题材来体现清凉，也是和果子的擅长手法。绿枫、金鱼这些夏季的风物诗都是首选。以清凉体现情热，这种感受也许只有在茶道的世界里才能品味得到。

三、七月朝茶事

围着炉火，一盏热茶，在秋冷冬寒之季这是让人舒心惬意的行事，可是在盛夏则难免使人敬而远之。特别是还要穿上和服，这本身就使身心产生热量。但茶道是修行，练习也就不能挑剔风霜雨雪了。何况茶事的雅兴就是来自四季的变换，因此也才有了赏花、赏月、赏雪。

梅雨季节过去，炎热的夏季到来，此时朝茶事是最佳选择。其目的是赶早、趁凉。朝茶事强调使用名水。火山地理形态的日本软水源随处可以找到，其中不乏水质上好的名水。对于缺少淡水资源的日本，水是生命之源。造酒更依赖于名水。中国的贵州有赤水河，促生了茅台酒。江苏的宿迁有美人泉，造就了洋河酒。日本名酒的产地也多靠名水。茶道对于水的讲究也特别严格。在日本茶道史中不断登场的名水有京都的醒井水。草庵茶祖村田珠光曾用醒井水点茶献给将军足利义政，后来的千利休等也爱用此水。

茶人对水的讲究不只体现在水质上，也非常重视取水的时间。古人认为经白天的风吹日晒自然的水质会产生污浊。到了半夜十一点是水质最坏之时，且含有毒性。清晨四点，毒性沉积，水质最好。所以自古京都的茶人在有茶事之日的凌晨，早早就会到醒井取水，对于来参加茶事的客人这是最好的奉献。

清晨六点，蝉鸣开始抖动着露地草尖下残留着的莹莹晨露，茶人已开始在露地洒足清水，用清水擦洗竹帘、障子格、门户、缘侧、栅栏等处，以获取凉意。依茶道的规矩，朝茶事必须在午日高升前结束。同样，与季节相关的要素，也要在相应的时间里体现在茶事所有的过程中。

待合的房间内，会选择一幅画有清流香鱼或绿枫瀑布景致的挂轴，以在第一时间为客人唤来清凉之感。云袜轻履踏飞石，清身爽气寻茶香。当客人踏过露地，被茶主迎进茶室时，迎面壁龛中的露打竹篓会托起一朵洁白含露的木槿，使茶室透迤起山野的清风。白瓷花器也不失为此时的佳选，会使茶室意境自然清新。如果再配上一幅"水上青青翠"或"步步起清风"的墨迹，意境会更清幽美好。

朝茶事的怀石一般都是清爽简素的一汤两菜，省略掉通常怀石料理中的烧烤油炸之物，如同简易早餐。怀石之后，在客人退席到露地等待后座期间，茶人会在腰挂（中立时茶室外的休息空间）准备好用绿叶覆盖着的降过温的和果子。作为市中之隐的日本茶庭露地都很精小，为此，在造型设计上尽量使之产生丰富的起伏转折，使人们无论在任何角度都会感受到万千的变化。

在朝茶事后座的浓茶席中，平水指是夏季茶事不可欠缺的道具。平水指看上去就是一个大的浅水钵。漆盖由两个半圆形组成，使用时可以只开启一半。在茶席中平坦的漆盖被用来代替道具棚及台，将水杓及盖置放在上面，镜明的漆面会产生影，使人只能用"纯"与"透"两个字来形容。浅、阔则显清，纯、透倍感凉。平水指在设计及使用上体现出对造型心理学及材料心理学的运用。

夏季表现清凉感最有代表性的题材莫过于鲇（Ayu）。这是一种生长在清凉纯净的溪流中只有十五厘米左右的溪鱼。作为夏季的美味，是日本人很少喜欢吃的淡水鱼之一。盐烧、酱油煮都是绝美的吃法。每年十月，在鲇产籽的季节各地开始禁钓。待来年生长到最佳状态的六至七月开禁，也是溪钓最旺盛的季节。作为夏季的象征，自古鲇也成为文学艺术的表现题材。作为京都的名菜，只要鲇烧出现在市面上，人们就知道夏季到来了。茶席中也缺少不了鲇烧的光顾，盛装鲇烧的透明玻璃容器中再配上一枝绿枫，山泉就伴着溪风潺潺而来。

梶树是古来制造纸的原材料，其阔大的树叶表面生长有浓密的绒毛，使之便于书写，所以日本自古常以梶叶代替纸来写字。茶道里千家十一世家元玄玄斋精中将这个习俗活用于茶事中，在七月的茶席上将梶叶当作自己喜爱的黑漆水指的盖，为茶事增添了优雅的凉意，成为只限定于里千家使用的夏季点茶的风物诗。

朝茶事的浓茶席结束后，在接下来的薄茶席中，茶人会将大梶青叶淋上清水，盖在装饰着金箔的筒型黑漆水指上。具有自然优美、造型独特的梶叶与黑漆金箔形成的组合，给茶席增添靓丽的风采。

第三节　日本秋季茶事

一、八月夕去茶事

阴历八月，天气已经立秋。作为茶人，在这个季节主持茶事，除茶庭整顿外，从炉炭点火到最后收拾扫除，都是对自己身心的挑战。在夕阳西下、清凉渐起的傍晚时段举行的茶事通常称为"夕去"（Yuzari）茶事，这也是夏暑之日朝茶事之外的时间佳选。

依照季节的余情，可以在待合室内挂一幅水墨钓瓶牵牛花，上面再题诗为："昨日传叶书，今朝一枝开。"昨今二字，描述出茶人的心境。一叶书、一枝花，呈现出茶人的一片心。日本将明信片称为"葉书"（Hagaki），犹如一片树叶，由此飘落于彼，传风、送情。

这是人们最常用、最普及的一种简单的通信方式。一句话，几个字，只要表达出意图就可以寄出。近年流行手绘"葉书"（Ehagaki），除普通的白卡纸外，还可以使用和纸、水彩纸、图画纸等材料。在简单的字句空白处再画上几笔简单的水墨、水彩或钢笔画，这样用形象补强文字来传达各种信息。在当今电脑、印刷都简单可行的时代，需要时间制作的手绘叶书，往往因字如其声，画如其人，更能充分地传达出真情实感，使人从中可以领略到相互的温情。字，不需要专业而求真诚。画，不强求技术只要自然。由于实用、简单，现在手绘叶书已经成为一种全民喜爱的交流方式。由于叶书更多要求使用传统的毛笔书写描绘，也使现代人增添了接触传统文化的机会。

在日本，俳句早已成为一个很普及的文学表达方式，男女老幼都可以随时作上几首。加上绘叶书这样的表现形式，俳句绘叶书就成了一个很好的诗书画普及载体。绘"葉书"除作为日常的交往媒介外，一年里还随着季节应用，元旦用来贺年，称为"年賀状"（Nengajo）；在炎热的夏天作为慰问，称为暑中见舞；冬天被称为寒中见舞。以此来嘘寒问暖，确是一个通俗且高雅的形式。

夕去茶事的来客，首先会通过待合空间里的字画感受到茶人的心怀。其中，一朵紫红色牵牛花，会使人在感受到温情的同时也忘记了暑热。牵牛花在日本叫朝颜（Asagao），顾名思义就是开在早晨的花。朝颜的生命期短暂，却总以最靓丽的姿色面向未来，以此来证实自己真实地存在。茶人们也正是从中感受到这种禅的精神境界，而将朝颜作为钟爱的茶花。茶席中使用的茶花大多是朝开夕凋的一日花卉，到了傍晚，花色及状态已不是最佳。为此，按照茶礼，在夜晚举行的茶事要将茶花放在前座阶段，与墨迹调换先后。如果选一枝白色的夕颜（Yugao，一种只在晚上开放的牵牛花）作为茶席的茶花，与待合画中的朝颜呼应，那会更有风趣。一露地之隔，由朝到夕，会感受到宇宙时空中一瞬的生命互动。

夕去茶事的特色还有白昼所体验不到的各种灯火以及灯火道具的共演。日常只作为和风庭饰矗立在露地的石灯笼，此时燃起深藏着的灯光成为露地的航标，与茶人迎接来客手持的"手燭"（Tesyoku，一种带把手的烛台称手烛）中闪出的萤火在幽暗中形成动与静的对照，反射在还残留着水迹的飞石上，导引着人们小心翼翼地踏向无尘的境地——茶室。

石灯笼、手烛、短檠（Tankei，一种室内用带方台的油灯）、行灯、小灯，这些昼间茶事中接触不到的道具，此时却成为演出优雅夜宴的主角。颤颤地点灯、巍巍地把盏、跚跚的步履，在这宁静的仲夏之夜，从烛火的状态中可以感受到主人款款的深情。

茶人在露地迎接来客时要与前导的主客互换所持手烛，这是夕去茶事及夜话茶事无声的见面茶礼。灯的交换，关照的是相互的心。露地中间、飞石周边、蹲踞旁侧、壁龛地面、客人眼前……各种灯具的安置也都有具体的要求与特殊的做法。当万籁被夜幕隐起，烛光便将人们的六神凝聚在非日常的氛围里，让茶趣投射在茶室的神秘舞台。

按照夕去茶事的程序，在前座的怀石结束后，来客要退到庭院中等待后座的茶事准备。中立之后再进到茶室，壁龛内置放着一盏黑铁材质的手烛，以缓缓荧荧的烛光在人们眼前浮现出茶人刚刚换上的墨迹，可以看到那是选自唐代诗人皇甫冉的诗句"闲看秋水心无事"。来客的心境此时也好似从朝颜与夕颜的时空共演中沉寂下来。

晚夏初秋、季节交替，难免会使人在茶点的选择上产生犹豫。那么可以选择一品特制的"清流"。白米粉皮、豆馅，表面是用铁烙烤上的流水涡纹，与墨迹中的秋水相映成趣。也可以索性选一品俵屋吉富制的"朝颜"，定会使夕去茶事的主题光彩倍增。

釜漫松风里，蛙鸣一两声。夕去的浓茶至此已渐入佳境。在这幽玄的世界里，侘寂之美不知不觉油然而生。此时，主客背靠烛影，进入夜话的境地。一品浓茶无拘束，杂谈夜话烛光里。在这样的氛围中观赏黑色的乐烧茶碗，又是一番非同寻常的感受。

黑茶碗如同露地里青黑色的飞石，在点点烛光的映照下，显得更深、更沉、更幽、更远。也更使人悟出千利休在草庵茶室的创建中所下的种种功夫，使人在这样恬淡沉寂的境界中凝思修炼。碗底深处的一抹茶绿被茶室的火环境及黑茶碗的小环境托显得灵动鲜活，生气勃然。如露地飞石周边披露的青苔，荧荧地发出深不见底的墨绿之光，如深潭、如远宙，使人忘却现世，游身于无边的天际。这种感受，是只有在沉下后方可品味到的浮现。山境，如同海面悠悠的远波，经过层层的叠加，终于呈现出百丈沉浮。远顺秋水，感落落枯寂；近赏朝夕，品静静幽明。

二、九月赏月茶事

秋天的赏月如同春天的赏花，冬天的赏雪，最令人感受到季节的风情。为此，茶人们会将茶事的前座安排在茶室，后座则以立礼点茶的形式安排在室外庭院，这样就可以在月晴天朗的秋夜品味两种茶趣。

在日本的平安时代，王公贵族们赏秋月，乘船游湖，雅乐笙歌，赏水中之月。或在水边设茶宴，赏玩池面之缺月。现在京都嵯峨的大觉寺是平安时代的皇家别院，内有"大泽池"，至今还保持着秋季泛龙舟赏圆月的传统。这种赏玩不同于中国文人之"举头望月"的率直及"床前月光"之隐幻，但却充满了"月光杯酒"的回味。

在日本影片中，有一个织田信长与千利休初次相会的场面。织田信长集权力、财富、鉴赏、占有欲于一身，收藏珍奇，只求天下一品。但世间俗物大都已过眼如烟，无法再尽如人意。在这个场面，千利休却慢慢展开用风吕敷包裹着的一个并不耀眼的内底绘有秋草纹的黑漆方盒。将之放在和纸拉门外的缘侧上，选好角度，再慢慢地用净瓶注入清水。此时正值明月当空，从漆盒中织田信长看到了莳绘秋草掩映着的一轮沉月，顿展笑颜，抖尽锦囊中大判（当时的金币）。也因此，认千利休为茶头。由此可见，千利休的艺术涵养十分深厚。

日本是一个非常注重细节的民族。日本绘画的挂轴装裱，最外层包装是桐木盒。作盒的"职人"（Shokunin）在将盒盖合上以后还要在四周仔细刨光。桐木盒在合上盖后，人们用指尖几乎触摸不到合缝，这种感受使得心境也波澜不惊。

商品讲究表面效果应该说是天经地义，在确保品质及价格的前提下，注重外表也是对客人的尊重。日本的很多产品有时却与之相反，外表简练，内里却反而处理得格外精致复杂，并不追求华丽外表的一目了然，而是为了在使用中给人以意外的惊喜。这种表现虽然涉及审美心理，但也明示了不怕人们看不到功夫所在的职人工匠们的自信。如陶瓷用品、服装、家具等的设计制作等。

茶文化中所包罗的细节无所不在。对人、物、环境、自然，不论是春夏还是秋冬，不论你是茶盲还是达人，无论去参加哪一种茶会，自进入茶庭的玄关，就会被一草一石、一竹一木、一栅一柱、一苔一露这些自然景观所吸引。更会通过茶人的一招一式、一举一动、一情一态、一言一表牵引起人们的五官六感。使人从中达到忘我，精神得到升华。茶文化就是在注重各种细节中产生的，也是通过各种细节才体现其博大精深。

在红叶遍染的秋季，与月相关的不止有玉兔，还有天上南飞的雁，山野小飘摇的秋草，池塘中干枯的荷叶，这些素材都可以用来掩映、陪衬出月的幽情。与秋相关的不止有月，还有日，那就是重阳。按照中国的阴阳思想之说，奇数为阳，九则是奇数中最高的数字。每年的九月九日是两个奇数之极的晕合，所以被称为重阳之上。为此，自古人们将九月九日作为一年中重要的祭日。

自古以来，重阳节有赏菊、饮菊花酒的习俗。菊花酒有健康长寿之功能，所以在与重阳节相关的传统文化表现形式中又多将寿星与秋牵连在一起。除菊花外，还有栗、松茸、柿、芋、藕等，都是有益于身体健康的事物。这些富有浪漫色彩的传说及健康色彩的秋实一旦与中秋的圆月相遇，其丰满硕盈之义就产生出无数的艺术奇葩，赏月茶事就是这奇葩的集大成。

在月下，在花瓶中插上秋草，在精致的红漆盘中盛上米团子、秋柿、栗、松茸、芋、酒，边观赏秋月，边歌咏丰收，这是古来祭月的礼仪。今人也承袭这样的风俗来举办赏月茶会。

赏月，多以夕去茶事、薄茶事、夜话茶事等形式来进行。在和风的室内赏月，可以将朝向月光一侧的障子门窗取下来，将灯具设置在不影响赏月的位置，茶为月而香，月为茶而明。在中秋满月时节，日常的茶花会因为过于寂寞柔弱而显得不协调。可以在花笼中放入秋天的七草，这样会使秋意更浓，月也会显得更精神饱满。奈良时代的《万叶集》中有歌咏秋七草的和歌，这是古代文人观察、咏叹自然的记录。《万叶集》中所记录的秋七草有：荻花、桔梗、女郎花、藤、秋芒、葛花、翟麦（Dianthus）。在实际生活中，并没有严格到非要同样的种类才称之为秋七草。顾名思义，只要是秋天有代表性的七种草花就足够了。只是从装饰样式及搭配，在长短、色彩、造型等方面需要有变化，才能体现出秋草的风雅。后世，人们追仿同样的风流，将秋七草广泛地应用在日常文化生活中的各种表现上。

秋实是秋天的象征。人类在获取一年丰收的时节，在赏月的同时不会忘记用自己的收获祭奉祖先。按古来的传统，在旧历十月七日，日本的天皇会在宫中与伊势神宫（Yisejingu）奉纳新收获的谷物，举行称为延喜式（Engi shiki）的国家级行事，以此来祭拜天地祖神。伊势神宫被当成日本本土神道教的大本宫，在两千多年的历史中，每二十年举行一次迁窟仪式，将神宫搬迁到建在旁临的相同样式的建筑中。正因为这样的交替延续，伊势神宫作为日本最古老的神殿建筑样式一直保留至今。

日本的传统文化大都以各种形式保留在全国的寺庙神社中。在全日本，有数不清的大大小小的神社寺院，只京都就有不下两三千所。一年之中，时常进行传统的祭祀庆典，秋月里的祭祀更是此起彼伏。在民间，至今为止京都的北野天满宫每年十月举行瑞馈祭，以芋茎、米、麦、豆、野菜、花草装饰成神舆（一种祭祀游行用抬轿）游街庆祭。这些都体现出自古作为农业国家的日本对神、对自然的感激之心。

赏月茶事，可谓朝夕浸凉意，残暑未尽秋渐顾，月挂香菊露。

三、十月名残茶事

到了十月，自前一年开封茶事后，茶室的榻榻米由草绿变成淡茶，失去了稻草的清香。苇帘在经年的风吹日晒下早已颜褪芯枯，一片残叶更增添许多寂寞。茶室障子门窗上的和纸也已渐黄，并处处显露出贴补过的痕迹。和纸是奈良时代从中国经由朝鲜传到日本，被广泛应用于建筑、工艺、书画等领域，演出着独特的和式风情，成为日本传统文化中的象征性素材。尽管现代社会中和风建筑已经越来越少，但和纸的使用还是备受人们的青睐。2014年，和纸被认定为世界无形文化遗产。

在和风建筑中，障子门窗并不是摆设。上面贴的和纸在使用中出现自然开裂或人为的损伤在所难免。但为了一个小小的漏洞而替换全部也得不偿失。为此，聪明的古人用同样的纸材剪成樱花、枫叶等形状贴补在破裂的洞口上，使人们迎着外面的逆照光线，可以感受到别样自然、风雅的春秋风情。

在茶道中对于和纸的应用也是面面俱到的。除障子门窗外，茶室内墙的局部裱糊也使用和纸。还有扇子、怀纸、传递书签的信封、叶书、纸釜敷、行灯罩、风炉先屏风、碾茶袋、大茶壶封条、书画装裱的纸材等，在茶事中能看到的和看不到的应用比比皆是。

披着四季的风残，茶室给人留下了几多余思遗想。请出茶壶中的老茶，聚几位晚秋曦日里得闲的亲友，拜读着壁龛中"掬水月在手"的禅语，怀念起一年来的闲情余韵。在这里，残是一种缅怀，一种寄托，残的是希望。此点，在精神境界上，如同感怀落樱。所以在樱花飘散渐近的季节，也有举办樱花的名残茶事，这也反映了日本民族的生命观。

作为一年中最能使人感受到侘寂风情的季节，秋风、秋月、秋云、秋水、秋实、秋叶、秋争、秋虫……不知有多少文人墨客就此做过多少文章、诗词、歌赋，留下下无数过往的春梦、夏彩、秋伤，也隐隐地听到了不远处传来的冬的召唤。

"霜叶红于二月花"，古人早已懂得借用想象来自勉。朝夕渐冷，茶席中也自然地产生了对室温的需求。为此，按照茶礼，十月成为茶事中使用风炉的最后月份。到了十一月，就要将地炉打开，开始冬春季的茶事，直到下一年的五月。炎热的夏季，为了尽量降低室温，茶人会使用较小型的风炉，并且将风炉安放在与客人相反的位于自己的一侧。到了渐凉的十月，开始换上较大型的风炉，并且被移置到靠近茶室的中间位置，以增加茶室的温暖。作为茶礼，这被称为中置（Nakaoki）。

从这个季节开始，茶道具也随着风炉的位置做相应的移动。茶人会就此机会，将在一年中风炉的季节里所使用过的茶道具一一取出、一一过目，在晚秋中再一次扬起记忆的风帆。作为一个茶人，这犹如对老友的关爱，也是对婴儿的呓语，更是对恋人的缠绵。

在禅茶的境地中，尽管漫山红叶，也不要错过晚秋里别有风姿的寂寞残花，一枝也精彩。不论是颌首野葡还是扬面秋樱，都各有千秋。为了充分衬托这些秋野乡情、余音残韵，以竹陶等稳重深厚的"草"格花器为佳。搭配得体的花器，会为晚秋茶室增添无限的未尽情怀，体现侘寂的茶韵。

十月秋已酣。作为一年中果实成熟的季节，在寒冷来临之前，人们会再一次体会如同踏青一样的欢心。艺术祭、美食节、运动会也在这样的背景下为人们提供精神的、物质的丰餐，所以秋季又被称为艺术之秋，食欲之秋、体育之秋，为此，也成为日本一年之中茶会、献茶最频繁的季节。秋，也是山野的季节。随意兜风远足到郊外山林古刹、野原幽谷，都可以观赏到秋风吟松、红叶观溪的景致，这远比被修整工细的庭园景观来得更自然舒畅。以茶箱、略点茶形式来举办野点茶事也是秋季的茶趣，与春季的花见野点相映成辅。

观景茶席，在秋季的各处景观热点也成为不可或缺的设置。游客们在红毯、红灯、红伞、红叶中小憩，免不了杯中绿茶泛红颜。茶道自从创立开始就作为综合性的仪式，从艺术、文化到日常生活影响着日本。围绕着饮茶这个主题，茶道在整个过程中调动起人的所有潜能，使身心洋溢、五官尽开。

日本的国土面积有限，南北长、东西窄的岛国地理特征却使其拥有着特有的自然食材资源。一年之中，随着春夏秋冬四季的变换，取自山海天地的丰厚食材成就了日本特有的和风料理。

日本到平安时代末期为止，宫廷贵族的宴会受中国文化的影响，参加者在大餐桌上共同进食。餐具除箸外，还有匙，料理以"膳"作为单位。膳是在和式的房间用餐时盛载食器的器具，每膳中可以容下三五品料理。现代的和风料理都是一人一膳，但在战国时代，将军贵族间宴客流行七五三格式的本膳料理，也就是每个人的料理由七品料理的本膳及五品料理的二膳、三品料理的三膳组成。最高档次的宴席甚至每个人 7 膳再加上点心，合计 43 品料理。大的宴会参加者上千人，可以想见其排场的奢华。

室町时代产生的草庵茶怀石的传统，来自禅院的精进料理。受茶室的空间、茶事的时间、茶道的礼法等的影响发展成今天的样式。但在草庵茶初期，尽管村田珠光的主旨是将茶作为茶事的主体，但在当时以战国武将为中心的大名茶事中还是保持了两膳、三膳的料理，这样使茶事的大部分时间都花费在料理上。后来千利休参考南宗禅寺的精进料理创设下三菜一汤的茶怀石，彻底将禅的精神融入茶事的各个环节，在简素中体现侘寂茶的理念。

《南方录》对茶怀石有这样的记载："享乐家居结构、珍味食事为俗世之事也。虽没有住所，但不至于饥渴是佛的教义，茶汤之本意也。"怀石之说的渊源来自禅僧的修行。据传古禅僧在冬季修行饥饿无奈之时，将石头烤热揣在怀中以代食充饥。后将禅院的精进料理称为怀石料理，以体现修禅的根本精神。茶事中的怀石，以禅院怀石的礼法及精神为本意，以不至于饥渴为限度，最终目的是使来客不至于空腹饮浓茶。

在奢华的大名茶兴盛的时代，用这样简单的料理招待来客。千利休将怀石视同于茶花，只求最佳的生命状态，将最能体现季节的食材作为料理的原材料。并强调就是再难以加工的料理也要茶人自己动手，再简单的料理也要由茶人亲自呈献到来客面前，仅此足以体现挚诚的奉献之心。

茶怀石作为整个茶事中的重要项目，同其他茶道具一样必须由茶人亲自准备。从品目的设定、材料的组合、容器的选择中都能体现出茶人对季节的理解、对材料的精通、对容器的修养。归纳起来，就是对茶道中所包含的禅宗的奉献精神的体会。以自己的诚心，换来客人的诚意，从中也体现出茶人的个人秉性。

在江户时代，怀石中的三菜以刺身、煮物、烧烤的内容为标准。随着料理技术的发达，后来逐渐出现了更多需要时间加工的料理品目。

现代，以茶道及料亭文化为基准独立出来的具有京都风情的料理种目，渐渐地都被称为怀石料理。特点是少量多品，类似西式套餐，使得人们同茶道中的怀石相混淆。为了加以区别，现在普遍将茶事中的怀石称为茶怀石。怀石料理在各个方面的奢华程度要远远超出茶怀石，料亭的建筑外观、内装、用材、器具等也都追求茶室的风格及文化样式，从中也可以看到茶道对于今天的日本和食文化的影响。在名残茶事的怀石中，也可以体会蕴含其中的名残心境。

日语中的"向"有对面的意思。在茶怀石中，用来盛装刺身的钵皿摆放在膳盘最外的位置，所以叫"向付"。在茶怀石及和风料理配套的器皿中，向付是造型丰富且使用频率最多的角色。为此，在怀石料理器具中，向付也是数量、种类最多的一种。在名残茶事中，茶人并不按通常的标准搭配餐具，而是将过去一年中使用过的向付每一种取出一个，再将之分别搭配在每一组餐具中。这种搭配方式在茶怀石中称为"寄向"。"寄"在日语中有聚集、收集、集中的意思。这样将不同种类的向付聚集在一次怀石中使用，客人可以通过各自使用的不同造型而感受到意外的乐趣，茶人则会通过每一个向付回忆起一年中每次茶事的欢声笑语，从而去理解一期一会的深厚含义。

在日本最受欢迎的海鲜料理中，有一种叫松鱼或鲣的海鱼。每年五月，鲣会随着黑潮从太平洋来到日本海，这个时期被称为初鲣。江户时代作为贵重的鱼甚至被当作初夏季语的代表。到了秋季，鲣鱼从南千岛群岛南下洄游，此时膘肥体壮，为秋季食桌上典型的风物诗。在茶怀石中，五月的初风炉茶事用初鲣做刺身，十月的名残茶事用洄游鲣做轻烤刺身。除怀石外，栗、芋、柿、豆、南瓜等茶果子也是非常有利于健康的自然食材。

海的秋实，为怀石添加回味空间的余情。山的秋实，给茶点糅进感受时间的异彩。怀石中使用的箸是用青竹所作。对于竹节的讲究也因茶家的不同而有所区别。里千家的青竹箸的节规定在位于中间的位置。新鲜的青竹具有视觉的美，给人以自然清新之感，从中，可体现出茶人为此次茶会付出的至诚。哪怕是最细小的道具，对于来客也是最高的奉献。茶怀石的钵碗皿箸中，可以观赏、感受到春夏秋冬、风花雪月。从膳铫杯盆中，可以体察、寻觅到山海天地、霞日星云。

茶室是一个舞台。其中有固定的装置，有局限的空间，有约束的尺度。茶人是一个导演，既可以将茶会演出成一次普通的过场戏，也可以排成一台天、地、人、物互动的综合剧。在这里，装置怎样自由地添加，空间如何自由地运用，尺度可否自由调整，这其中的分寸都体现出茶人的气度。

每一次茶会，主、客都如同是在参禅。从中可否有所悟，是否能达到意会而会心一笑，其有无就在一点之中。茶道的世界，如流水花开。无水，便不谈茶。无花，茶就失去了灵魂。水有源，花结果。由源到果，步步皆道场，物物皆我师。

第四节　日本冬季茶事

一、冬月开封茶事

自古以来，日本茶家的一年是以茶的生长、采摘、加工、储藏、使用周期来确定起始的。

茶道所使用的抹茶的制作方式与普通绿茶不同。春天将茶叶采摘下来，经过简单的加工后，要储存到秋天才开始使用。每年的十月末或十一月初才被茶家称作茶事的开端，所以又叫茶家的正月。为此要举行一年中最重要的"开封茶事"。也正是这个季节，茶室开始使用地炉，为此要举行"开炉茶事"。往往茶家的开封茶事与开炉茶事同时进行。

为了这个日子，茶室外的栅栏都要换上青竹，茶室的障子门窗要贴换上新的和纸，茶室内也要换上发出清香的新编榻榻米。所有这些，都需要相应的工匠用几百年不变的传统工艺精心的制作，以使茶道这个同样几百年不变的传统延续下去。因为是一年中最重要的茶事，所以也必须使用最高格式的茶道具。开封茶会的主角是装满新茶的大茶壶。经过漫长的梅雨季节，里面的春茶已经在密封状态下得到充分的熟成，在等待着开封这一神圣的瞬间。只有茶人切开大茶壶的封印，大家品尝了本年的新茶，才意味着茶家开始了新的一年。在开封茶会中，盛装新茶的大茶壶被安放在壁龛中展示给来客，使得茶室内的氛围更显得庄严隆重。当茶人取下大茶壶，除掉最外层的包封物，露出用雪白的和纸封严的壶盖，再用小刀慢慢地旋转一圈将茶师的封印割开时，香茶就如同开了封的醇酒在这一瞬间开始了新的呼吸，也使在场的人心醉神畅。

按习惯，装满碾茶的大茶壶中会有三个密封着的盛满浓茶的小白纸袋。

在大茶壶密封前，茶师会在白纸袋外面记录茶的名字、摘采日期以及茶师的名字。从大茶壶取茶的顺序是先将作薄茶的碾茶倒出，再用竹箸取出当日要用的浓茶纸袋。至于开封茶会上用哪一袋浓茶，通常是在给客人拜见后，根据客人的所望或茶人自己的选择而定。就像巫师的祭拜，将密封浓茶的小白纸袋打开后，茶人会在所有来客的面前庄严地将里面的浓茶洒在榻榻米上铺着的雪白的和纸上。当看到白纸上出现的是含有吉祥意义的寿龟或富士山等形状时，在场的客人都会不约而同地惊叹起来，从而共同祝福未来一年的茶事一帆风顺。之后，茶人会留下当天茶会使用的碾茶，在客人面前将大茶壶盖封好，贴上封条，按上茶家的封印。从这个日子开始，大茶壶将一直珍重的存放在茶家，直到里面的茶用尽再返回到茶师那里。

开封仪式结束后，为了使客人不至于因空腹而影响品尝浓茶的美味，紧接下来是为客人奉献上自古从禅院派生出来的茶怀石。

在客人就餐的同时，茶人在隔壁的水屋开始用石臼将小纸袋里取出的碾茶用手工磨成细细的抹茶。品尝茶怀石的客人们在有节奏的石磨声中，可以嗅到随着空气漫溢过来的茶香，此时情不自禁地萌生出来的期待感也是茶事中最诱人的一幕。

禅宗提倡节俭，这也是茶道的规则，这里不存在剩余为福的说法，粒粒皆辛苦的观念成为修行的美德。日本禅宗的典书《典座教训》中写道："米菜护惜之如眼睛。"茶人在准备材料阶段会斟酌一番，有的种类甚至会呷一口，但却使人入口触心，过舌难忘。如今的怀石料理也是本着求精适量的精神，注重美食，不可多贪。三菜一汤之后通常还要上酒、菜。这酒，有时是由正客做主导，用同一盏酒杯与其他次客以及茶人交换饮用，以示茶席间的亲密。

为此，也产生了食后清口这种日常的卫生礼节，体现在茶席上则是特设一道称作壁洗（Kabearai）的汤物。洗箸只是名目，清口才是目的，所以这道汤味不能过重，量也没有必要过多，往往盛装在小且深的带盖漆碗中。食后饮汤清口，再交杯饮酒。合情，合理。

在禅院，这点会做得更为彻底。禅僧就餐结束后，将饭碗注入茶水，用箸将碗内残迹搅净，再将茶水喝掉，箸、碗、口一次清净，然后用白布包起餐具待下次再用。

如果参加千家茶流的茶事，在怀石料理结束后，客人需要用怀纸将皿碗全部拂拭干净，在自己尽可能的范围内不留遗痕。这是茶礼，也是净心。而石州茶流则只将怀纸放在食器上面，以遮盖住残痕为限。因为自古石州茶流的客人都是将军、大名，拂拭的程序也就自然免掉，而由茶人处理始末。由此也可以看出，阶级地位的区别就是在神佛面前也是潜在的。

二、腊月除夜釜茶事

伴着漫舞的冬雪，渐渐听到临近岁末的足音。这是一年中最容易使人的心里感慨万千的时节。对于任何人，过往的一年都经历过风和日丽，也难免有坎坷波折。对于未来的一年，谁都会充满梦想、期待与希望。在这充满期望的时节，人们并没有忘记给过自己恩惠的人。"感恩"是日本文化中的重要成分。按照古来的传统习俗，人们首先会在此时将最有价值的东西奉献给神佛，以感谢一年来对自己的保佑，也祈祷未来的一年风调雨顺。

茶家也在这样的日子里，开始除旧迎新的准备。各个茶道流派的茶人们开始选择佳时向家元、宗匠以"岁暮"的形式来感谢一年里的关照之恩。日本人在一年间对于给过自己恩惠的人，主要通过两个时机来答谢，一是八月盂兰盆节期间的御中元（Ochugen），还有就是年末的御岁暮（Oseibo）。还有一种形式叫"祝仪"，则没有时间限制，是一种根据需要的贺礼，如结婚、生诞、晋级、升学、开张等。这种谢礼以实惠又易于保存为准。到了年中、年末，各个百货店、专门店都会尽量提前开始中元、岁暮的商战，各商家都使尽浑身解数，如同中国在中秋销售月饼，春节前销售年货一样。有的人则选择送现金或商品购买券。除登门拜访亲自送到对方手中外，很多礼品大都是委托商家以宅急便的形式送出。所以，通常要在一条纸札上面注明"御岁暮"等名目及送礼人的名字，附在包装盒面上，外面再用包装纸包住。既含蓄，又明确，作为收礼人的备忘以便回礼。

按茶道的礼节，稽古及谢礼的礼金通常要装在特制的纸袋上，在茶席上将礼金袋放在展开的扇子上，将扇把手向外递给先生。扇子传递东西时，将扇把手朝下递给对方；在交换名片时，将可读的方向朝向对方；在餐桌上向别人递交刀叉、筷子时，将手握的部位递给对方；献花时将花枝转向对方；茶席上，将茶碗的正面转向对方后再递。

　　通常，我们会将这种种做法当成是在特殊的场合、针对特殊的对象所采取的特殊的行为，一种非日常的礼节。在没有成为自觉与自然的行为时，这些礼节确实被看成是不自然。但在当今的日常生活中，恐怕越来越难以区分特殊的场合及特殊的对象。昔日的礼节，今天已经成为家常便饭。

　　现代社会文明的象征有很多，自古遗留下来的优秀传统礼仪也是其中的代表性元素。礼节不仅仅是意象性的，更主要的是表现在具象性上。只有在各种层次的礼节变成日常生活中不可缺少的要素，只有这种礼节成为生活中普通的行为时，一个社会才称得上是一个现代的文明社会。每一个社会人都应该成为礼节的实行者，而不是一个旁观者、欣赏者和评论者。人与人之间交往的前提是尊敬，只有尊敬对方，才能想到要为对方创造方便。互尊才能互便，互便才会习以为常，也才能达到自然。这是一个很朴素的真理。在禅茶的世界里，我们可以随处感受到这种互相尊敬。有了这样的心态，对于礼节也就会泰然处之。

　　进入十二月，处处都呈现出除旧迎新的气氛，其中最有代表性的莫如大扫除。这是日本举国上下的年终行事，因为任何人都不肯将上一年的晦气带到新年，所以各行各业都为此而大动干戈。环境的清洁就是自身的清洁，除去自然的灰尘也就除去了心尘。各个寺院神社为一年一度的大扫除甚至要举行隆重的仪式。茶室的扫除也从露地的各种铺石、青苔、围栏精细到榻榻米的每一条缝隙，凡是有灰尘的角落都不会被忽视。

　　十二月二十日之后，一年之中最后的茶事也陆续地开始。除夕之夜的"除夜釜茶事"之外，年末期间的茶事皆被冠以"岁暮釜茶事"。千百年来流传下来的各种传统民间习俗，也是岁暮茶事中的主要角色。

日本自古习惯于在年末向神佛供奉三种神器：圆形八尺青铜镜、八尺琼勾玉、天丛云剑，现在则以镜饼、蜜柑、干柿串来代替。从这些几乎不着边际的替代品中，可以看出其是基于农耕民族的习俗。

在中国古代传说中有照妖镜，这显然是神佛为了体察世间善恶的法宝。日本神社供奉的青铜镜则是为了人神间的沟通，应该与照妖镜同源。其代用品镜饼是一种用黏米面做的上小下大两层圆形供饼，示以日月阴阳之态和圆满的象征，又被表示为对神灵的诚挚奉献之心。这种来自古代宫廷及神社寺院的祭奉礼仪大都源于中国古代的习俗。在中国南方产糯米的地区至今还保留有新年食用年糕及用来祭奉祖先的习俗。

自古在传统和风建筑中，镜饼要供奉在壁龛里。在没有壁龛的现代居家，通常供置在远离玄关的客厅中比较高的地方。镜饼既作为向神的供物，也是神与人之间的中介。在祈求神保佑的同时也领受到来自神的祝福。所以，到了正月十一日，要用镜饼做成年糕汤，食后会从神那里获得力量。在食用前要举行"开镜"仪式。因镜饼的习俗产生于武家社会，为忌讳切腹，不能用刀切，要用木槌敲碎。昔日，镜饼放置半个月后，已经风干、变硬，为了"开镜"需要花费很大的功夫，简直就是一年一度的攻坚战。为了解决这个问题，如今生产了家利用现代的工艺技术，将镜饼按使用的大小加工成块，单个装在真空塑料袋里，再集中装在外壳与镜饼相近的包装中。这样在开镜时打开就可以使用，彻底解决了不方便的问题。

茶的世界也将十二月里的最后一天作为具有旧年与新年的承接意义的重要日子，为此而举行的除夜釜茶事就成了新旧之年的通过仪式。茶室的壁龛中除墨迹及茶花外，还要祭奉上镜饼，此时的壁龛最有佛龛的氛围。除夜釜茶事与夕去茶事有很多相似之处，室内外都以烛光作为照明。只是茶怀石中增加了平素没有的意味长寿延年的越年荞麦面。但吃荞麦面要边听着寺院新年的钟声才有意义，所以，除夜釜茶事的时间把握成了一个值得讲究的环节。

除夜釜茶事在除夕之夜不熄灭炭火，而只是暂用炭灰覆盖住，在釜里也保留少许水分，待越年的钟声响起，元旦开始之时，将灰下面的炭火拨开，放上新炭，再将釜中的余水清空，注入若水（元日清晨汲取的山泉之水）。旧年的火接续新年的火，生命在延续。在既神圣隆重又祝福新年，大家共饮一碗浓茶，谁都会感到终生难忘。

茶庭的清扫、剪枝、理草、整苔、洗石、淋水，茶室的掸灰、擦席、补障、挂帘、备履、汲水，这些看上去只是些杂务，却与茶事息息相关。能够将这些最基本的环节做到位也才只能达到茶事入门的水准。而这些初级项目也并非是一下就能做好的。为茶怀石做准备，茶人与料理人没有任何区别，定谱、选材、备料、清洗、料理。为了料理后的饮茶效果，更要考虑料理的成分构成。为了加强季节性的体现，还需要对料理容器进行选择、搭配。有的茶人还要自己做茶点心，这就更需要从零开始。日本茶道在江户时代以前只有男人才能参加。家元处培养嫡系只收男不收女，在家元处结业的茶人独立后，才容许招收女弟子。这也是保持顶级茶人必须是男性的道脉传统。在家元处习茶修业七八年的嫡系茶人，在大茶会上也只有为来客收履端茶的资格。

在茶事中，茶人有茶人的责任，客人也有客人的分担。每次茶事的普通参加者也需要最基本的准备。和装的穿着要注重流派的习俗，如果参加表千家的茶事，服装就需清简素雅。服装要体现季节性。着一身枫叶参加初釜茶事，不论是艳丽还是典雅都会被贻笑大方。就是一个小小的怀纸，也被风雅的装饰着各种图案，用来迎合各个季节。但如果对季节性的花草没有自信的话，宁可选用白色。

因环境的原因，使得在进入茶室之前都有将足袋（茶道用白色布袜）染污的可能，这样进入神圣的茶室是不礼貌的行为，所以还需要带上备用的足袋，在进入茶室之前换上。

扇子在茶事中是几乎没有展开机会但又绝不可缺少的道具。进入茶室面对茶人，要将扇子横放在自己的膝前，然后行礼。这个礼节动作贯穿在整个茶事的过程中，拜观墨迹、领受浓茶、请教茶趣、退出茶席，都需要先以一横扇代礼。"バック"（茶事中与和服搭配的和风织物做的小型和风包）、手绢、竹签等则是必备之物。这些道具的备用、使用都各有讲究。首先能够做到在参加每一次茶会时，将之带全就是不简单的修习。普通人参加茶事难免有丢扇落纸的情况，如果没有带怀纸，一同参加茶会的来客会好意地递上，以便急用。没有扇子，也还勉强可以应酬各种礼节。没有和服的话，只要着装庄重规范都可以参加。但如果想作为一个茶人，也许只有经历过无数次的"狼狈"，才会懂得"一期一会"的意义。

在岁末，为了世人能够清晰、准确地听到除夕之夜的钟声，京都知恩院的和尚们在十二月十七日要举行试撞仪式，撞击那口日本古来最大的梵钟。从十七个僧侣悬命的动作中，可以看到一个壮丽的稽古修业的场面，这是世上独一无二的撞钟风景。

当人们在除夕之夜于八坂神社点燃吉兆绳祝福吉祥时；当人们在跨年之际端起荞麦面碗预祝长寿时；当人们围坐在 Kotdt su（一种冬季和式房间里使用的取暖桌，上面铺着垂到地面的厚棉罩，以保持腿脚温暖。在古代，里面装炭火钵，现在安置有电热器）边，看着红白歌会笑语欢声时；知恩院那边早已传来低沉迟缓的一百零八撞除夕夜钟声。荡气回肠的悠然节奏，充满神圣的、好似永不消失的声波足以将人间的烦恼及整个世界的灾厄彻底冲击到大气层之外。此时虽然感受不到"夜半钟声到客船"的画境，但也激荡起"远在蓬莱念故国"的心怀。除夜釜茶事结束了，趁中立的间隙，客人可以到近处的寺院神社去拜拜新年，撞一下迎新的梵钟，或摇一下告知神灵心声的神铃。

佛教的礼拜中，敏香、点灯、行礼、磕头在中国很常见。以己心对佛心，皆以无声来传导。可在日本，除祷告外，还要摇铃、击掌、撞钟，将寄付的铜钱扔得响亮，要让神佛看到并听到自己的所为，方才安心。

对于一年中第一次到神社寺院进行的祭拜，日本习惯称为"初詣"。为了在元旦凌晨能尽早地撞钟拜年，人们从除夕夜就赶往自己经常拜祭的神社寺院。在正月开始的几天里，满城尽是"初詣"人。寺院神社的院子里会燃起一篝薪火，前来"初詣"的人们除取暖外，还将前一年祈讨的各种签符从家里带来，扔到火里焚烧掉，再讨一个新的带回家供奉起来。人们再回到茶室时，往往已经是元旦凌晨的三四点钟了。象征新年吉庆的大福茶已经备在待合室。初詣余兴未尽，身上寒气尚存，一口暖茶，将人的心意浸润回越年的茶事中。作为新年茶室的茶礼，一切装饰已经将人们带到新的一年，除夕夜已经成为回忆。

壁龛中的绾柳掩映着充满吉祥和瑞内容的挂轴，只在正月里装饰的生肖摆件使新年的气氛十足。新年的祝福是此时由衷的心声，从这一天起茶事又要开始新的春秋。茶家在地炉中加进新炭，用新旧之年接力的炭火烧开茶釜中的善上之水。温存着旧年殷实的炭火灼燃起新年的希望，人类文明的承传理念在这一瞬间跨越了国界与年代。日本没有新年燃放爆竹的习俗，所以，除夕夜的钟声响过，世界便沉入一片静寂。

从十二月开始，家家户户都为新年准备御节料理（Osechiryouri）。这是从正月初一到初三的主要传统节日料理，通常都有几十种之多。因为御节料理不用加温，可以随时食用，这样就解放了劳作了一年的家庭主妇。为使料理在不加热的状态下可以最少保鲜三天，几十种山珍海味在色、香、味、形等方面又都要各具千秋，为此有很多特殊的传统加工方法及要求。这也使很多现代的年轻人望而生畏，在正月都回到父母那里过元旦。各个传统料理老铺并不放过这个一年只有一次的机会，都施展自己的特长，特制各具特色的御节料理。近年还出现了中华风、西式风，以适应时代的需求。每当进入十月，就开始了御节料理的商战。

人们在拜祭先祖及神佛的同时，更注重自身的现实。身心的健康，才智的发扬，家族的美满，子孙的繁衍……这些美好的希望在任何时代，对于任何民族都是很普通、很平凡的要求。在新旧交际之时将这些素朴的愿望以料理的形式代代相传，也是人类智慧的体现。元旦来临，茶人也会以祝膳（Oiwainozcn）的形式来辞旧迎新。"祝膳"是对元旦料理的总称，其中除御节料理外，还有屠苏酒。红漆杯碗、金纹银壶，这些都是正月祝膳中不可缺少的象征吉祥的道具。

屠苏酒原本是为了一年的健康长寿而在新年饮用的药酒，习俗始于中国的唐代，后由民间传到宫中。平安时代又由中国传到日本，再由日本的皇家流传到民间。类似的历史流传随着春夏秋冬已经在书本中温顾了很多，每一次都会给人留下感叹。在中国，对于屠苏的概念大都来源于宋代诗人王安石的诗歌《元日》："爆竹声中一岁除，春风送暖入屠苏。"

酒已入怀，膳已饱腹。爽爽松风拂起元旦的黎明，滚滚汤气蒸腾起无限的遐想。新年的第一碗浓茶终于拨开重垂帷幕，感召着先祖的洪恩，承受着大地的甘露，由茶人怀揣着一颗奉献之心，呈献到客人的面前。

三、元月初釜茶事

元月，是一年的起始。古往今来，每年的大年三十晚上十二点，在听过从远近寺院传来的除旧岁的钟声，再到寺院神社参拜祈愿后，人们习惯吃碗荞麦面，以期盼在新的一年里健康长寿。

伴随着寺院的钟声，在元旦之日举行的初釜是茶家每年必行的茶事。这也是各个茶家亮"家底"的机会。在这个庄严隆重、充满吉庆的传统茶会上，唐绘、禅僧墨迹、咏叹初旦春华的传统和歌怀纸等，成为茶室壁龛挂物的最佳选择。与之相配的花器也离不开"真"格的古铜、青瓷。

从茶家的角度，虽然十月的开封茶事才被称为正月，但元旦的初釜却是一年的真正初始。其祝仪行事与民间同样是为贺岁、祝寿、迎新，所以使足浑身解数。作为日本茶道传统代表的千家茶道家元，在这个时日各自都要邀请政、财、宗教界要人分别在京都本家及东京本部举行初釜茶事。此时茶室中道具的主角便是其他茶家所没有的、标示正宗正统的祖传家宝。

表千家不审庵茶室坐落在京都上京区的一个传统色彩浓厚的弄堂里。高大的凹凸和风玄关与狭窄的弄堂对比起来显得过于威严，有些像室町时代的官府衙门。从中可以看出将军大名的茶道师匠的千家茶统在当时是何等的威风。没有茶事的日子，家元处也几乎每天都有稽古，门前及院落中的青石地面常年清水澄莹。

作为书画家，每天就是触摸一下笔墨纸砚、玩味一下水滴印石，也会感到安逸。所以，可以想象得出其他行业的职业家一定也有相同的亲身感受。

作为茶家，禅茶一味是其精神根本，将最普通的稽古等同于打坐，是每天都要练习的功夫。

每年从元月十日开始到十四日，表千家京都本家都要在举办的初釜茶会中招待 1500 人，在东京本部要招待 1000 人。这时的茶会不能像平时人数少的茶事那样，能够心安意静，细细精赏。但茶道爱好者们还是想在难得的初釜茶席中，一饱六感之福。

初釜茶会在小茶室由家元主持招待第一波重要来客，申请参加的被招待者则由内弟子等在大广间接待。

表千家在每年的初釜茶会上，都要为来客准备一种叫常盘薯蓣的茶果子。这是用菜汁染绿的门小豆作馅，外面裹上山芋、米粉做成的一种馒头。表千家用带盖的食笼盛装茶果子，在微弱的光线下打开食笼盖，眼前的白色馒头就如同一片幽明的雪夜风情。将馒头切开，望着白皮裹着的绿馅，又不禁使人联想到外面被年初的瑞雪覆盖着的翠绿青松。

初釜茶会上使用的常盘薯蓣，绿馅比通常的要浓艳几分，这是为了在暗薄的光线中呈现给客人以最鲜艳的色调，在美感中迎来新年。茶室空间的光照度、容器中茶果子的盛装状态、茶果子的皮馅调和及含意，在这些环节中都隐含着茶人的纤细用心及奉献精神。表千家每年的初釜茶会就是以这瑞雪青松，来示意年年安定、月月吉祥、日日兴旺的。

相比表千家不审庵的堂堂门庭，作为里千家代名词的今日庵，苫葺草顶的玄关、蜿蜒通幽的露地、隐显若无的茶室，从外面看去更充满了正宗的草庵茶室的风貌。没有稽古的平日，庭院的正门玄关只以一竿横竹作为结界相守。拒人于门外的同时，又显得使人顿感禅意。里千家作为现今日本最大的茶道流派，不仅支部遍布全国，还在很多国家开设茶道科目，积极参与国际交流。

元月初釜，挂在今日庵咄咄斋茶室壁龛正中的是装裱格式高贵的室町时代正亲町天皇亲书的御宸翰怀纸和歌挂轴。长垂在旁边的是插在青竹花筒里的青青缙柳。床柱上挂着千利休亲手制作的竹花筒瑞之坊（Hashinobou），里面插着曙椿和莺神乐。在壁龛的地神社敬神时用的春日台（一种放置供物的方形台），上面盛放着神铃。壁龛中供奉的这些最高格式的器具中，有源自佛禅的，有充满神道文化的。

初釜茶事祭的是天、地、人。祭坛上，人类的各种信仰、文化融合在于同一个宇宙中。茶，是它们的凝结剂。

在咄咄斋初釜茶席上，向来客敬茶的都是当家家元。向来客提供的茶菜于代皇宫中新年祝仪时使用的菱蒻饼。

平安时代是日本文化的繁盛时期。作为文化艺术舞台中心的皇宫，在一年中的各个时节都有烦琐的祭奠仪式，其间所使用的道具、衣装、供品不计其数。在正月里有一个祈愿长寿、健康的仪式，提供代表新春、象征梅花的优美的花瓣饼，也是如今日本茶室在新年还在沿用的近千年的传统。明治时代，里千家十一世家元玄玄斋在宫中的许可下，开始在初釜茶事时施茶，民间百姓也因此契机开始得到了这个口福。

表、里千家初釜茶果子，都是由自古专门为宫廷制作各种祭祀用果子的传统果子屋"老松"做的。这个具有几百年历史的老铺，其本店还是原样地守候在京都北野传统风情的小巷中。老松的特点是承做定制点心，无论什么样的客户，什么样的要求，在这里都会得到满意的结果。在老松的店铺中，可以翻阅流传百十年的古香古色、绘有生果子设计样式的六册厚厚的《京蓻图谱》以及天井下整齐排列着的几十个用樱木雕制的千蓁木模，再看看墙上挂着的几条年代不同的木匾，会使人觉得这个仅有三十几米的古老空间充满了无限的能量。铺面不在大小，匾额不在新旧，装修不在豪华，其价值在客户的心中。天皇的色纸和歌、皇家用果子，只这两项就足以使里千家的初釜茶事非同凡响。

初釜茶由家元用"福、禄、寿三重茶碗"练出新春浓茶后，再由大宗匠转递给客人。长辈在协助辅佐晚辈的同时，也在向人们显示自己不减当年的锐意。在新年伊始，这种代代相传的姿态尤被千家重视。

作为日本茶道的领军本家，千家家元还以另一种形式向来客展示茶道的传承，这就是在一年起始的"初削茶勺"。从珠光、绍鸥、千利休时代传承至今的茶道传统中，唯有茶勺是任何茶家都能够身体力行亲手制作，可以说茶勺是呈现茶人精神气骨的贴身道具。

在 2010 年的初釜，里千家鹏云斋大宗匠削制了名为"牛乘寻"的茶勺，在纪念牛年的同时隐喻望背老子。坐忘斋家元削制了名为"徒然"的茶勺，以追慕《徒然草》中的无常观。在次年的年初釜，鹏云斋大宗匠削制了名为"叶光"的茶勺，坐忘斋家元则削制了名为"三兔"的茶勺，既体现生肖，又使人品味出禅道之意。

表千家新春初釜茶会第一席所招待的客人，通常是与茶道有着深厚的传统关联的各禅宗大本山的法主及管长等宗教界人物。里千家新春初釜茶会第一席所招待的客人则是以政府首相为首的政财界首脑。从初釜第一席的客人身份上，就不难看出表、里两家经营体制及指导方针的区别。

正月，普通的民家都会在玄关外装饰起长尾松，或由松、青竹及红白梅组合的门松，和室的壁龛中挂上绘有富士山、松鹤、旭日等吉祥内容的挂轴画，立柱上挂着绾柳椿花，壁龛里放置上当年的属相摆件，以此来祝福新年。

茶家的初釜茶会，则更讲究几百年来不变的传统格式，以求正脉正统。

正月壁龛中以禅语墨迹来定格，为了配合"福寿海无量""日日是好日"这样的唐物墨迹，一定要装饰唐铜花器。真、行、草绝不马虎。

为了每年的初釜，露地要换上浓绿的青竹笆，蹲踞的水勺柄也一定要用青竹削制。茶室弥漫着焕然一新的榻榻米清香，雪白的和纸门窗上摇曳着露地竹影，柳钉上一筒青竹花器中长长的绾绿柳扶着三分开放的红椿，则是正月里不可缺少的点缀。怀石中使用的新竹箸，新削制的盖置，也都披上绿装。身着崭新和装的茶人用清晨取自山泉的若水调制出新年的第一盏抹茶。迎新年，比红色使用得更多的是新绿，将喜庆吉祥的心意融合在自然中。讲究的茶人就是这样以万象清新的面貌来迎接新的一年。

正月的大福茶会。每到元旦的清晨，禅院的僧侣们便要上山汲取自然泉水以备这一天点茶之用。沿用古代的做法，正月的三天里，要派布加入梅干、海带干、山椒、黑豆的茶，以茶为药，祈祷一年无病无灾，这便是"大福茶"。

大福茶的来由要推溯到平安时代。当时的都城京都流行疫病，六波罗蜜寺的空也上人用溶泡着小梅干、海带结的茶水派布给百姓。梅本来就入药，海带干又含有强体免疫的成分，使得疫病得到消除。此时的天皇也在正月的元旦饮用同样的茶，以祈祷百姓无病息灾。将天皇视为神的日本臣民感到能与天皇饮用同样的茶是无上荣幸的事，便将这种茶由"皇服"的"茶"转化成相同发音的"大福茶"遗留至今。在新年讨得大福茶，就如同保证了一年中的消灾、除病、增福。后来很多地方的寺院也模仿大福茶会的习俗，将之作为新年起始的佛家行事。凡事爱争第一的日本人，会在元月初一这天早早起身，以出席茶会，获得一年的福气。

...

第七章　日本文化的特征

第一节　日本文化的渊源

一、古代

日本民族有着悠久的历史。根据考古所发现的石器和人骨，大约一万年前的旧石器时代，日本列岛上就已经开始有人居住。由于现在人们对旧石器时代人类在那里的生活状况还知之甚少，因此，在论述日本起源时一般多从新石器时代开始。

（一）绳纹文化

在日本列岛上的新石器时代的历史遗址中，发现大量手制的黑色陶器，因这些陶器四周有草绳滚轧而成的花纹，故这种陶器所代表的文化称为"绳纹式文化"。绳纹文化的时代大约在1万年前至公元前3世纪前后。当时的社会尚处在母系氏族社会阶段，人们开始定居在竖坑式草屋里，以狩猎、捕捞、采集为生，构成了没有贫富与阶级差别的社会。

（二）弥生文化

公元前3世纪到公元3世纪，日本进入弥生时代。水稻种植和金属器具使用技术由中国经朝鲜半岛传入日本，给日本社会带来划时代的改变。日本由石器时代进入铁器时代，由狩猎、捕捞、采集经济急速转向以稻作农耕为主的经济。随着生产力的提高，贫富不均的现象开始出现，阶级差别开始形成。弥生时代中期，日本开始从原始公社制向奴隶制社会过渡。

（三）古坟文化

公元3～7世纪，以前方后圆为代表的古坟，以畿内为中心遍及日本各地，标志着日本进入新的文化时期。由于阶级的形成和部落群体的分化，日本各地纷纷建立许多小国。公元5世纪初，大和国四处征讨其他小国，统一了日本。这个时期是中国许多知识、技术传入日本的时期。日本已开始使用汉字，接受儒教，佛教也传入日本。大和国从兴到衰历经 300 多年，是日本奴隶制由兴盛走向没落的时代。

（四）大化改新和古代天皇制的确立

"大化"是孝德天皇的年号。公元 646 年，孝德天皇公布革新诏书，仿照中国唐朝的律令制度进行一系列政治改革，建立一个以天皇为中心的中央集权国家，史称"大化改新"。这次改革标志着日本开始进入封建社会。

公元 710 年，日本定都平城京（现在的奈良市以及近郊），开始了"奈良时代"。奈良朝廷注意吸收中国的文化和技术，多次派遣留学僧和遣唐使到中国学习。奈良时代后期，内争纷起，皇室和贵族之间的矛盾日益激化。为削弱贵族和僧侣的力量，8 世纪末，日本将都城移至平安京（现在的京都市），从此开始了长达 400 多年的"平安时代"。由于土地兼并，封建庄园开始出现。10 世纪后，庄园遍及全国各地，导致了政治上的封建割据，伴随庄园制度成长的新兴武士势力也登上了历史舞台。当时以关东西的平（清盛）氏两个武士集团势力最大，一直持续到 12 世纪末。

二、中世

从 12 世纪末的镰仓时代，经过室町时代到战国时代的 400 年间，成为中世，是日本社会处于封建割据的发展阶段，既是地方的时代，也是武士的时代。

（一）镰仓幕府时期

12 世纪末，源赖朝受封征夷大将军，并在关东镰仓建立日本历史上第一个幕府政权，武士政权从此诞生。镰仓幕府统治的主要支柱是将军与直属武士之间的主从关系，表面上尊重朝廷和大臣，实际上"挟天子以令诸侯"。13 世纪后期，幕府的武士统治开始面临困难，镰仓幕府逐渐走上灭亡的道路。

（二）室町幕府时期

14 世纪前半期，征夷大将军足利尊氏在京都建立室町幕府，之后的 200

多年，大部分时间是各种封建统治势力互相混战。由于室町幕府是聚集了有实力的诸侯——大名而建立的，因此，幕府本身的统治能力薄弱。1467年（应仁元年），"应仁之乱"爆发，全国各地的大名互相攻伐，室町幕府摇摇欲坠，名存实亡。

（三）战国时期

"应仁之乱"后，日本出现了一个长达百年的群雄割据时期，战火纷飞，民不聊生，涌现出一批如武田、上杉、毛利等战国大名。

三、近世

从征服战国大名从而统一了天下的织田—丰臣政权的建立，到江户时代德川幕府政权的结束，史称近世。

（一）安土、桃山时期

16世纪中叶，一位决心以武力统一日本、结束乱世的枭雄出现，他就是织田信长。织田信长逐步统一尾张、近畿，并准备进攻山阴、山阳，在此期间，信长修筑了气势宏大的安土城。因此，信长的时代被称为"安土时代"。

天正十年（1582年），本能寺之变爆发，信长身亡。织田家重臣羽柴秀吉经过四国征伐，九州征伐、小田原之战，逐步统一日本。后被天皇赐姓"丰臣"，并受封"关白"一职。丰臣秀吉的时代被称为"桃山时代"。

庆长三年（1598年），丰臣秀吉在伏见城病逝。丰臣家分裂为近江（西军）和尾张（东军）两派。身为丰臣政权五大老之一的德川家康于庆长五年（1600年）发动关原合战，大败西军，建立德川政权。庆长八年（1603年），德川幕府建立，战国时代结束。

（二）德川（江户）幕府时期

庆长八年（1603年），德川家康受封征夷大将军，在江户（现在的东京）建立幕府政权，在此后的260多年里，德川幕府统治全国。这段时期被称作江户时代。德川幕府对内加强中央集权，抑制诸藩，把全国四分之一作为幕府的直接辖地，其余土地分给 269 家大名进行统治，将军和大名又把土地层层授予家臣和下级武士。此外，还把人分成四个等级，即武士、农民、手工业者和商人。对外则下令锁国。除开放长崎作为对外港口外，一律禁止外国人来日本，也禁止日本人远渡海外。

四、近现代

19 世纪中叶，欧美列强用炮舰强迫日本打开了闭关自守的国门。

（一）明治维新

江户幕府末期，天灾不断，幕府统治腐败，民不聊生。且幕府财政困难，使大部分中下级武士对幕府日益不满。同时，西方资本主义列强以坚船利炮叩开锁国达 200 余年的日本国门。

在内忧外患的双重压力下，日本人逐渐认识到，只有推翻幕府统治，向资本主义国家学习，才是日本富强之路。于是一场轰轰烈烈的倒幕运动展开了。1868 年 1 月 3 日，代表资产阶级和新兴地主阶级利益的倒幕派，在有"维新三杰"之称的大久保利通、西乡隆盛、木户孝允的领导下，成功发动政变，迫使德川幕府第 15 代将军德川庆喜交出政权，并由新即位的明治天皇颁布"王政复古"诏书。这就日本历史上的"明治维新"。日本从此走上资本主义道路。

明治元年（1868 年），明治天皇迁都江户，并改名为东京。之后从政治、经济、文教、外交等各方面进行了一系列重大的改革，推行富国强兵政策，使日本国力逐渐强大，并走上侵略扩张的道路。后来在中日甲午战争中击败北洋舰队，迫使清政府割地赔款，占据中国宝岛台湾。在日俄战争中，全歼俄国太平洋舰队和波罗的海舰队。日本成为帝国主义列强之一。

（二）大正、昭和时代

与明治时代取得的历史性进步相比，大正天皇时代被称为"不幸的大正"。大正天皇在位 15 年，政绩远不如明治，而且他一生为脑病所困，最后被迫让权疗养，由裕仁亲王摄政。1926 年，裕仁登基，年号"昭和"，即昭和天皇。昭和六十四年，平成元年（1989年），昭和天皇病逝。皇太子明仁即位，改年号为"平成"。

第二节　日本文化的特征

关于日本文化的特征，是一个很大的课题。国内外学者专家有许多研究，并有很多例证来说明日本文化的特征。日本是一种容不同体系并存乃至混合于一体的多重文化。这种例证很多，例如，政治上新旧制度并存、衣食住方面和洋合璧，宗教上神佛双重信仰，占常用日语词汇一半以上的汉语词等。

日本人对不同性质的文化有着强烈的好奇心，是日本多重文化产生的原因。日本人生活在一个未受到过彻底否定传统文化的外来侵略、并可根据需要摄取外来文化的环境中。

一、均一性

日本文化具有均一性的特点。它不会因地区、宗教或者个人差异而不同，可以说，大致是均一等质的。日本国土狭窄，在狭窄的土地上居住着众多人口，而且，长期以来，如日本人连一些生活上的细枝末节都受到国家的控制，在这样的情形下，日本人养成了凡事以国家、集团优先的思维习惯，这也正是产生文化均一性的原因。

二、同化性

日本文化的特征之一，还有它的日本化。即日本人具有将外来文化日本化为我所用的能力。平安时代，日本人将汉字日本化，创造出假名，于是，诞生了《源氏物语》等杰作。镰仓佛教也是被日本化的一个例证。6世纪传到日本的佛教在镰仓时代脱离了外来宗教的色彩，成为日本的佛教。它宣扬符合日本人的独特教义，其宗教活动得到民众的广泛信仰。

三、现实性

日本文化中的现实性也是日本文化的特征之一。日本人讲究现实，重视个别事物甚于普遍性的概念，如将佛教转变成注重现实利益的宗教也是如此。再如，成为江户时代幕藩体制的理论根据的儒学，也是在应用方面、实用方面优于理论方面。现代科学中，日本人在原理应用及商品化方面表现出的能力强于探索原理的能力，也是非常明显的。

四、独特性与吸收性

日本有自己独特的文化传统，但明治维新以前，受到中国文化的深刻影响，大化革新就是以中国为样板的；日本的文字、绘画、礼仪、建筑等方面，无不带有中国文化的烙印。明治维新以后，中国更多地从日本方面吸收营养来发展自己，戊戌维新、辛亥革命，以及当今的改革开放，中国都从日本吸取过有益的经验。

近代之后，日本率先打开门户，中国也借助日本这个平台，学习吸收了很多当时世界上先进的科学技术以及文学艺术。无论世事如何变幻，中日之间的文化交往始终不曾间断。中日邦交正常化后，中日文化交流不断发展，其范围之广、规模之大、数量之多，在中国与其他国家交流中是少有的。日本文化的特点是善于吸收，具有"杂"的性质，而且在吸收外来文化后，能很好地消化改进。

中日两国文化联系历史悠久，古代日本接受中国文化的影响，近代中国则在不少方面接受日本文化的影响是其中主要的一个特点，这种相互影响延至今日，且仍在继续。但是，无论日本和中国在历史上文化交流多么频繁，相互影响多么深远，从古至今，日本文化的发展还是有它的许多特点，有许多既不同于中国，又不同于西方的发展规律。在日本文化形成与发展的过程中，有许多看起来是很矛盾对立的现象，可是又和谐地结合在一起，从而形成了自具一格的东亚文化，这种情况可以说是举世罕见的。所以美国哲学家穆尔认为，日本文化是"所有伟大的传统中最神秘的，最离奇的"。这种矛盾与统一首先表现在文化的吸收性和独立性方面。

从历史上看，在1000多年的时间里，日本大量吸收了中国的大唐文化。1868年德川政权崩溃、明治维新开始后，日本进入了"文明开化"时期。在这个时期，日本按照11个世纪前全盘接受中国文化的方法引进西方的文明，并取得了巨大的效果，为建设一个现代化的国家奠定了基础。任何一种文化的形成与发展都要受许多因素的影响，本国的和外国的历史，以及佛教、儒教甚至基督教都曾对日本文化起过作用，日本在变化，但是却从未真正脱离其最古老的本土文化根源。

五、传统性

如今，电视、空调、汽车、电脑、出国度假等已深深地渗入日本的普通家庭，日本人的生活表面变得无可辨认。尽管如此，在现代化的帷幕背后仍旧保留了许多属于日本本土文化的东西，从深层分析看，日本仍是一个传统的国家。例如，他们爱吃生冷的食物，比较崇尚原味；喜好素淡的颜色和天然情趣；家族势力、家族意识和集团意识很强；女子对男子的温顺和依赖等。

六、矛盾性与统一性

在文化的输入与输出方面日本也表现出一种矛盾与统一。日本是个十分重视也十分善于吸收和输入他国文化的民族，从7世纪的"大化革新"大规模地输入大唐文化，到19世纪的明治维新，大规模地吸收与输入西方文化，都对日本的发展进步起到了巨大的推动作用。相比较而言，中国在历史上就不太善于吸收其他国家、其他民族的文化，历史悠久、地大物博固然是一种优势，但是如果只注意输出而不重视输入，不重视从其他国家、其他民族的文化中吸取营养、不断地发展自己，那么这种优势也会走向反面。

随着日本经济的高速增长，日本向外推销自己文化的意识越来越强烈，而且提出了战略性的口号，那就是曾任日本首相的中曾根康弘所说的"国际化"。在这方面，日本政府投入了大量的资金。据 20 世纪 90 年代的一份统计资料说，由日本官方机构主持的海外文化交流项目，诸如邀请或派遣学者、留学生，开展大型文化活动等，每年的经费预算为 10 亿日元。日本外务省所属的国际交流基金，鼓励、资助的主要是和日本有关的项目，如国外的日语教育，日本文化和文学著作的研究、翻译和出版，或与此相关的文化活动。政府的这种大投入推销本国文化的举措收效显著。日本的茶道、花道之所以享誉世界，日本的文学作品之所以有众多语种质量较好的译本，与这些举措是有密切关系的。

七、官方性与民间性

在日本文化的特征上，还有一个矛盾统一的方面——日本旧时的官方文化和民间文化。在日本古代，不论政府如何强调外来文化，可是民间文化在很大程度上还是有所保留。例如，在平安时代（794 ～ 1185 年）大力提倡大唐文化的时代，日本所有的文人男子都用汉语写作，但是妇女不这样，结果她们成为日本本土文学的先驱。在一个很长的历史时期内，人们可以在政府准许、控制的许多地区的界线内随心所欲。不论时代如何变迁，这类文化的根本性变化很小，对这个现象的重要性是不可低估的。应该认为，总的来说，日本民族是一个文雅的民族。在日常生活中，日本人"轻柔、温顺、礼貌而且温和"，他们是以"温和的人的感情"而不是以"干巴巴的、生硬的理论思想"来表达他们自己的。和大多数其他民族相比，日本人更受感情的约束。例如，当两个人争论时，西方人往往生气地说："你难道不明白我说的意思吗？"而如果是日本人，他会将怒火和不悦隐藏在礼貌的面具之下，说道："你难道不明白我的感情吗？"总的看来，日本人比较宽容，常常用不同的方式维持表面的和谐，冲突总是被一层温和的、礼貌的面纱所掩盖。

八、多元并存性

日本文化具有多元并存性，由于日本存在着许许多多的舶来品，因此也难免会有冲突。比如神道教与佛教之间，还有传统文化与西洋文化之间，都多多少少存在矛盾，而这些矛盾在日本的不断发展中一一得到化解。

在明治维新以前，日本一直秉承着和魂汉才的态度，不断向中国学习借鉴。日本的长崎对荷兰开放期间，荷兰的自然科学以及基督教义传入。明治维新以后，日本进入和魂洋才时代，达尔文的进化论及西方哲学纷至沓来。这些文化教义依然与日本传统的神道教与佛教并存。

现代日本依然可以看到这种多元文化并存的有趣现象。在幼年时期，小孩子们在七五三节（11月15日）会在父母的带领下到附近的神社祈福。青年时期举办婚礼的地点，多数是在教堂，青年男女在神父的见证下共结连理。组建家庭之后，家中必然是长幼有序，以忠孝思想持家。生老病死是人之常情，在去世之后，家人会请僧侣前来家中主持道场。人的一生之中会和各种宗教发生关系，这在世界上也是比较罕见的一种文化现象。

九、混合性

日本文化是一种融合文化，这也是其特点之一。它是将各种不同的文化要素聚合在一起，经过长期的融合而形成的一种特定的文化。日本文化的特点就在于不排斥其他各种不同的要素，而是努力吸收、同化，即把外来文化加以消化吸收，融入自己的文化之中，形成日本文化。在这个过程中，仍然保持了日本原有的传统文化。这一点对于日本民族而言是非常重要的。

第三节　日本茶道对日本文化的影响

一、日本茶道对日本文化的影响方式及基本特征

无论是思想理念，还是文化体系，乃至美学内涵等，我们可以感受到日本茶道艺术中，有着极其完善的文化理念，而日本茶道对日本文化的影响，不仅超出了元素理念的丰富，更重要的是其中阐述和融入了相应的情感内涵。

随着多元文化传承发展日益成熟，如今在整个日本文化体系中，有很多与日本茶道艺术相关的理念内涵和具体元素，通过系统化探究，其必然能够实现理想的传承效果。

（一）日本茶道对日本文化的影响方式

茶道追求的就是品茶人内心的宁静，这与日本人向来喜静的性格的形成密切相关，茶道紧致繁杂，在这过程中就需要能够潜心钻研，日本人热爱发明且能做到舒适生活与茶道也有不解的联系；"武士茶"就是安土时代厌恶战争的武士为在茶道方面完成自己的志向后发展出来的；日本的花道作为日本文化的另一个象征，也受到茶道的影响；在日本的陶瓷器上，大多可以看到茶叶的图案，这也是茶道的作用。

日本人生活的方方面面，都可以看到茶道的影子。茶道不仅是茶文化体系的核心，更重要的是茶道艺术中所具备的价值理念能够为我们了解传统茶文化的具体内涵提供重要帮助。一提起日本这个民族，我们多数人都会存有这样的印象：严谨、勤奋、自律、拘礼而又内敛等，在这样一个发达国家中，它的文化对于国民的影响作用不容小觑，因此，日本的本土文化值得很多其他国家的借鉴和学习。

（二）日本茶道对日本文化影响的基本特征

在茶道的作用下，日本的文化朝向朴素清寂的方向发展，人们追求生活中事物的本来面貌，在茶道中慢慢品尝茶的芳香，一点点了解，但同时却又不轻易放弃。茶道对日本文化的影响意义深远，在它的影响下，日本文化渐渐形成如今的模样。

日本文化具有自身的特殊性，无论是文化理念的包容性，还是文化理念的具体影响，同时日本文化受到外来文化的影响极其深刻，无论是我国的传统文化，还是西方的文化艺术，都对日本文化产生了深刻影响。因此，想要系统化认知和传承日本文化，就必须从文化融入视角切入，通过深层次融入文化元素，从而实现理想的文化传承。

而日本茶道不仅是一种文化理念，更重要的是，日本茶道在整个日本文化体系中有着极其重要的作用。不仅如此，日本茶道文化理念也与日本民族的性格特征相结合，从而形成了极具日本特色的文化理念。

二、茶道对日本文化的影响

（一）茶道对日本文化的具体影响

茶道艺术在日本文化体系中有着极其重要的影响，无论是日本自身的文化理念和内涵，还是整个茶道艺术中所具备的价值理念，实际上都是将饮茶这一社会习惯与社会文化理念相结合的具体反映，而茶道更是整个日本文化体系中的核心与关键，实际上，我们能够从整个日本文化体系中寻找到一系列与茶道艺术相关的具体理念内涵。可以说，日本文化中，茶道体系中所具备的文化理念要素，是整个日本文化发展中的重要奠定基础和核心推动力。

对于日本文化来说，茶道艺术不仅反映日本文化的内涵，同时更是整个社会体系中的核心驱动力。因此，认知日本文化体系中茶道的具体理念价值就极其必要。日本茶道体系非常注重恬静和朴素的经典美学内涵。通过对日本茶道艺术的具体表现状况进行分析，我们可以看到其中倡导人们在饮茶过程中，需要展现出和谐的表现状态，最和谐的状态实际上是一种氛围，在这一过程中，不仅要让人们能够感受到人与人的和睦，同时也感受到人与自然之间的有效共处，从而实现独有意境的美学塑造。当然，这不仅是人与自然的和谐，同时其中也倡导对人与人之间应该树立和形成良好的情感理念和茶道精神，而这正是日本文化体系中的重要内容。

茶道表演中，极富观赏力和欣赏特点的表演形式，能够让我们对整个茶文化体系形成全面完善的了解。当然，我们也必须认识到茶道艺术的根源核心在于文化，不同文化体系对整个茶道艺术表演所带来的具体影响完全不同，因此想要全面认知日本文化体系中的审美内涵，就必须选择合适的切入视角，茶道艺术无疑是其中的重要内容要素。在日本茶道艺术中，无论是具体的饮茶环境，还是对茶具等物质元素的应用，都极其注重使用纯净的心情来进行倡导。因此，可以说人与人和谐，人与自然和谐，追求清静闲寄的茶道思想理念，正是当前日本茶道精神内涵中的重要表现，也是日本文化中审美理念的全面诠释和表达，通过对这一理念进行分析，也就对日本茶道艺术中所具备的美学内涵形成准确的了解和认知。

（二）茶文化理念对日本文化体系的具体影响

茶道是我国传统茶文化体系中的重要内容，茶道也是日本茶文化及日本文化体系中的要素。因此，茶道可以成为了解茶文化理念对日本文化体系具体影响的重要切入视角，在整个文化体系中，茶文化有着要素和内容，因此，认知茶文化背景下的日本文化就极其必要。

我国是日本茶文化的发源地，而日本茶文化又是整个日本文化体系中的核心部分。可以说，日本茶文化体系对日本文化的影响也极其深远，茶文化不仅仅是一种物质文化和精神文化内涵，更重要的是其中有着相应的精神元素和精神内涵，尤其是在整个茶道文化中其所倡导的理念和规范礼仪，更是对整个文化和人们的生活习惯产生了新的影响。

通过对日本文化进行分析，我们可以看到，其中不仅仅讲究形式上的美，更重要的是在乎和强调心灵上的内涵，尤其注重形式和心灵的统一。而日本文化中，更多从生活艺术和哲学理念中寻找，可以说，将人们丰富的精神内涵融入整个生活气息当中，通过选择合适的文化形式，实现对人们生活情趣的有效提升和培养，尤其是对人们的言谈举止和习惯产生了深厚的影响。

而我们从人的日常生活习惯中，都能够看到相关文化的内涵和气息。日本对我国的茶文化的学习和了解，也经历了相应的过程，从贵族开始传播流行，制茶、种茶、饮茶等方法完全抄袭和模仿，到后期的发展与自身文化的融入，可以说，日本的茶文化中，记录传承了中国传统茶文化的内涵，同时也将日本文化中的先进理念融入其中，从而造就了具有日本特色的文化内涵。随着当前生活节奏不断加快，日本茶文化形式也有所简化，这与日本文化内涵本身是相一致的。

三、基于茶道的日本文化审美理念

日本茶道源于我国茶文化体系。在我国茶文化体系传入日本之后，经过日本本土不断改革和研究，将饮茶简单的日常生活习惯融入自身的形式美和内在美等美学内涵中，从而形成了具有日本本土特点的文化体系。通过对日本茶道艺术的具体文化内涵进行分析，我们可以看到其中不仅仅有着丰富完善的内容，同时也展现了日本人独特的审美意识，因此，了解日本茶道中的美学艺术内涵，能够帮助我们了解日本文化的具体特点，甚至能够对日本的民族性格和特点形成全面有效的认知。

（一）人茶合一的自然美学内涵

日本茶道艺术具有人茶合一的自然美学内涵。在自然美学中，其有对大自然朴素、自然美的融入和理解，同时也让我们感受到日本茶道理念中所具有的时代气息。实际上，现在饮茶不仅是一种生活的消遣，同时更是个人展现自我价值理念的重要生活方式，因此，人不仅是一件艺术品的鉴赏者，同时也是艺术的主导者，所以我认为，日本茶道给人们带来的趣味不在于其具体的饮茶过程，而在于具体的检查结果，只要掌握了相应的饮茶艺术，便能够享受到饮茶活动的美学内涵，而这些审美内涵又都能从茶道艺术中寻找到相应的价值内涵，所以，茶道已经超越了简单的自然概念，我们能在整个茶道艺术中看到人茶合一的自然美学内涵。

（二）丰富的宗教文化内涵

日本茶道艺术作为整个日本民族文化的重要代表，其中融入了丰富的建筑文化、园林艺术等，不仅展示了日本人的精神内涵，同时也展示了佛教中的禅思想，从而为茶道艺术传承发展提供了相应的理论依据，并且发展成为日本文化体系中极其重要的行为准则。

从日本茶道艺术中我们能看到其融入了丰富的宗教文化内涵，其通过与佛家思想相结合，从而实现了茶道艺术的升华。因此，通过对日本茶道艺术进行分析，我们能够看到其融入了参禅具体的生活经验和理念，了解日本茶

文化就需要从茶道内涵中进行探究。在日本茶道艺术发展过程中，我们能够看到其追求完美的精神内涵境界，所以了解日本茶道艺术也需要从宗教的视角来分析。

第八章　茶道与日本文化

第一节　茶道与日本文化概述

一、茶道中独特的日本文化

（一）等级观念

古代的日本社会存在着严格的界限与规定，因此，老百姓们的生活总要小心翼翼，几乎一辈子局限于自己的生活圈中。日本人主张"各得其所、各安其分"的等级理念，并由此构建起等级观念明确的社会结构。在皇室和宫廷贵族（公卿）之下，设有士、农、工、商四级，其下还有贱民，在这些等级之间都存在着分明的差距以及上下关系。在日本人的等级观念中，占据主导地位的就是"忠心"，具体来说，就是下级必须永远服从上级的命令。日本的文化具有森严的等级制度，这种等级制度不仅体现在社会中，还体现在日本的每个家庭中，同时，也使得日本茶道展现出了自身独特的文化形式——等级观念。

深入了解之后，就会发现日本茶道中的礼法是非常全面的。无论是主人和客人之间，还是客人与客人之间，抑或是客人与茶叶、茶具之间，都有一系列完整的礼仪，这些茶道中的礼仪已经成为茶道规则中不可缺少的一部分。主人和客人之间，客人与客人之间，都存在着明确的等级观念以及上下级关系。在茶道文化中，客人永远是上级，而主人则是对其毕恭毕敬的下级，因此，在奉茶时，主人应保持谦卑的态度，并以尊敬的态度欢迎客人的到来。与此同时，主人还需细心地去考虑客人的喜好以及茶道中的需求，从而让客人有种宾至如归的感觉。例如，当客人的年龄较大，主人在准备茶食时，应侧重清淡、松软的食品；如果有外国客人到来，主人则需要考虑外国客人的饮食习惯，据此来进行菜谱的调适。上述内容都为我们展现出了茶道中"客人为上级，主人为下级"的等级观念，因此，主人在准备茶道的时候，一般会以客人的角度去思考，并依照下级的规矩为客人服务，这也展示出日本文化"忠心"的核心概念。

（二）禅与禅宗文化

日本是一个尊重禅与禅宗的国家，因此，在其茶道中也为我们展现出一定的禅与禅宗文化。禅与禅宗之间的概念存在着一定的差异，所谓禅，实质上是对于现阶段存在的不同宗派、宗教的一种普遍存在的现象和一种确实存在的"我"的境地展示。

茶道起源于中国，日本的僧侣们曾在唐朝时期来中国学习茶道，并将其带回日本国内发展，所以，从历史文化的角度来看，日本茶道从发源开始就与佛教有着紧密的联系。茶被带回日本之后，很长一段时间内都被寺院中的僧侣当作其读经坐禅时不可缺少的伴侣，后来通过日本僧侣村田珠光的参悟与大胆实践，才将茶禅的宗法结合形成顺应日本文化的流行趋势，而茶和禅之间逐渐地形成了一种法事关系。在这一过程中，茶与禅之间的关系建立，使得两者之间也有更加深层次的联系。

禅是对现实中"我"的否定，追求的是"无我"的状态，只有脱却了一切有形束缚，才能变成真实的人，才能得到无形、无相的"本我"。禅主张"向心求佛，自我究明"，这里所提及的佛并非指我们现实中肉眼看得见的佛像，而是存在于我们每个人内心的佛，因此参悟也就不需要借助于外物，而是进行无形的自我修炼。除此之外，禅文化还强调现在与当下在日常生活中坚持修行才能体悟其本意，最终达到了"悟"。因此，日本茶道在领悟、体味禅意方面起到了重要的桥梁作用。

纵观茶道与禅，可以将茶道比作在家中悟禅的一种方式，通过茶道的一招一式，达到修炼身心的目的，从而实现对于"悟"和"三昧"境界的追求。所谓"三昧"，是指与特定事物形成一个整体，从而实现"无我"的状态。在日本茶道中，讲求人在拿起茶碗的同时，要与茶碗之间形成一个整体，拿起茶刷时，要与茶刷形成一个整体，最终做到人的"无我、无物"状态，这也展现出茶道与禅文化之间相互影响、相互促进的内在联系。因此，我们常说日本茶道的发展背景就是佛教，其展现出的核心思想也是禅文化。

（三）独特的审美观

日本的茶道蕴含着浓厚的等级观念，这体现在茶道的每一个步骤中。同样，在日本文化中，也存在着人们对于等级制度的崇拜。因此，在日本根深蒂固的等级社会中，处于下层的人民，几乎没有能力去摆脱自己的阶级现状，无法主宰自己的命运。在这样的大环境下，从室町时代起，人们便在这个被束缚的俗世之外创造了一个又一个的新天地，即茶道、花道、香道、弓道、柔道等诸多艺道的世界。在这些艺道世界中，人们凭借修道的年数、技艺的高低来确定位置的上下，这也成为可以暂时摆脱现实社会等级的一种方式。因此，在日本传统文化中，人们对于茶道等艺道是持赞扬态度的。在武士道精神的影响下，日本人需要担负起"情义""忠""孝"等多种责任，因此，他们必须让自己融入社会、融入集体，被他人排斥在外是一种奇耻大辱，所以，茶道成为日本人的精神寄托和享受自然之乐的一种手段，其中蕴含着的美学之意和闲情逸致的乐趣，逐渐成为日本独特审美观中的重要组成部分。

二、茶道中的"一期一会"与日本人的无常观

草庵茶道中，极富日本文化特色的是"一期一会"的观念，它体现了日本民族对生命的理解。所谓"一期一会"，是指每一次茶会在变幻无常的时间与空间里都是一次今生难再的、独一无二的聚会，因此，主人和客人都要珍惜这份难得相聚的情谊。这是草庵茶道大茶人井伊直弼在其著作《茶汤一会集》中提出的主张，至今仍是日本茶道中的主流思想。"一期一会"的观念不仅存在于茶道中，也普遍反映在日本的其他文化生活中，构成了日本文化性格的一个层面。

"一期一会"思想的出发点，是茶会时间与空间的变化无常。在日本茶道圣典《南方录》中，千利休明确提出夏日茶会与冬日茶会的区别，他说："夏天的茶道秘诀是要让人感觉到那么的清凉，而冬天的茶道秘诀则是那么的温

暖。"正是由于有了这样的考虑，千利休规定冬季茶会要将烧开水的"炉"置于茶室里一块切开挖掉的榻榻米中，以供取暖；在夏季，则要将"风炉"置于茶室角落的榻榻米上，以免热气侵袭客人。除此以外，在谈到在野外举行的茶会时，千利休强调："这时候操作的手法和道具都没有一定的法则。正因为没有一定的法则，所以是超越一定的法则之上的大法则。"可见，由于千利休在钻研草庵茶道的过程中已经认识到茶会在时间与空间上的变化，并根据种种变化在他所规定的茶道各式中做出相应的调整，这种茶道大法则正体现了因时而变、因地制宜的思想。虽然千利休并没有提出"一期一会"的观念，但是他对草庵茶道茶会的种种论述已经为这种观念的提出做了铺垫。

"一期一会"的思想将外在环境、客观事物的变化最终归结到人生的变化无常。既然茶会发生在不同的季节、地点，茶人用心经营的每一次茶会便根据客观环境的变化而成为为达成茶道"大法则"而做的即兴表演，那么世间也不可能出现两次相同的茶会。主人和客人在种种偶然因素的伴随中，油然而生一种不期而遇的喜悦之情。所以，即使是极亲密的友人之间的茶会，也被视为"唯一"加以珍惜。这种认识最终使时间、空间的变化与人世的无常统一于草庵茶道中。

这种无常观并非茶人所独有，而是普遍存在于日本民族的心灵深处，反映了日本民族对生命独特的感悟。鸭长明《方丈记》开篇即写道"河水无休无止地流淌远去，而它不再是原来的河水，水上漂浮的浪花，破了又聚结，毫不停歇，世上的人和栖身屋舍固然如此。"这段描写中，由逝去的流水联想到人生，水的易逝中融入了浓厚的人世无常的感叹，这种联想与草庵茶道中"一期一会"的体会如出一辙，不仅如此，无常甚至在日本人心中幻化成了一种美。吉田兼好在《徒然草·长生》中这样写道："倘仇野之露没有消时，鸟部山之烟也无起时，人生能够常住不灭，恐世间将更无趣味，人世无常，正是很妙的事吧。"可见，日本人不但不以无常为苦，反将其视为理所当然，进而感觉亲近。东山魁夷对日本民族的无常观有过这样的描述："在日本人的精神中，极为重视因不期而遇而产生的情怀，可以这么说，这种情怀来源于人们在心灵深处视人生为一次旅行的心绪。就是基于这样的认识，可以认为不是时间在飞逝流过，而是在这世界上，我们及其他一切都在匆匆离去。也就是在无常的宿命中，存在着我们和一切。"草庵茶道中的"一期一会"思想正是这种生命意识的体现。

日本民族的这种浮世无常意识是由其特殊的地理环境所造就的。日本地处岛国，其大部分地区处于温带，四季变化缓慢而有规律。这种气候孕育了日本民族对四季变化的敏感，日本文学作品中，就不时表露出季物和季题意识。日本民族在从事农耕生产的劳作中，也必然观察到季节时令的推移。这使得日本人在很早就从季节轮回性的变化中，体悟到万事万物的流动性。频繁地震进一步促使这种生命的体悟带上了日本民族特有的悲观色彩。日本岛处于欧亚大陆和太平洋两大板块的夹缝之中，频繁的地震使这个民族在原始文化演进的过程中意识到了生命的脆弱与不稳定。《方丈记》中记载："地震当时，人们都说，人生真是虚幻无常，福祸莫测。"这种浮世无常的观念正是巨大恐惧之后人们对生命的认识，是惊惧到极点后的习惯与淡然。其中不可避免地充斥着原始思维方式的冲动，但依然可以感受到这个民族慢慢积蓄着的理性力量，这种由习惯而淡然的情绪深深烙在了日本民族的心理上，逐渐成为一种集体无意识。而这种无意识又在现实中不断加深，最后发展为日本民族的种族记忆，成为日本原始文化性格的一部分。以至今天，在人类具备了相当抵御外界灾害的能力后，日本民族对"无常"仍有着强烈的心理认同。

三、茶道精神与日本人的信仰意识

日本草庵茶道中，实用色彩甚为淡薄。草庵茶道与其说是喝茶，倒不如说是一种追求精神信仰的仪式。茶道精神旨在通过这样一种仪式获得心灵上的安宁与和谐。

喝茶解渴的实用性在草庵茶道中被淡化了。在整个茶道仪式中，点茶只是一部分。在点茶之前，客人先要走到"露地"，即茶室前的雨道。在进入茶室前，要先欣赏院中的景色。进入茶室后，客人也要先欣赏壁龛中前代高僧的墨迹，体味其中的道理，然后把玩赏鉴茶室中陈放的一两件艺术品，吃一点料理，之后主人才开始点茶。就是在点茶过程中，客人真正品茶的时间也不长，而喝茶也是点到即止地品尝一两杯。在进行过程中草庵茶道强调的是主客之间心灵的交流。客人要用心体会主人精心打扫庭院，布置茶室的一番盛情并要不时给予称赞，主人也必须尽力使客人满意。中国民间虽也以茶待客，但其意味除了表示热情外，更多地恐怕还在给远道而来的客人解渴去乏。草庵茶道中水的用途也反映了淡化实用色彩的倾向。水在中国人饮茶时不外乎用于煮茶、沏茶，这点无论民间还是唐宋人茶道中都是如此。特别讲究的文化人还将水分为不同品第。

陆羽《茶经》中指出："山水上，江水中，井水次。"张又新在《煎茶水记》中将煮茶之水分为二十等，历代文人也都有品水的癖好。所有这些对于水的评述，都意在煮出或沏出色味俱佳的茶，目标还是在于茶本身。而在草庵茶道中，水同样起了重要的作用，但水的重要意义却与中国茶文化中是有很大区别的。除了用于煮茶外，草庵茶道用水清净身心。在进入茶室之前，客人先要在水手钵处用竹勺舀水洗手。被称为日本茶道圣典的《南方录》中，记载着这样一段千利休的话："主人在露地里，开始的第一件事就是运水，而客人最初所要做的事情就是使用这些水来洗净身心，这就是露地草庵的根本心得。"这种用水"洗净身心"的观念是从日本原始神道吸取来的。神道崇尚白色，认为白色是与神明联系的颜色。水色透明，也即是白，因此用水洗手也成为洗净心灵污垢，通向神明的途径。在每个神社的殿前也同样设置水手钵供人洗净身心。因此这种用水的观念由于神道的影响而遍及日本民族，茶人将这种观念移植于茶道之中，祈求通过洗手达到心灵的纯净无碍，从而通向理想的精神境界。

草庵茶道中虔诚的精神追求还体现在茶会的氛围上。主人和客人都必须以郑重其事的态度参加茶会，茶会的性质绝非游艺式的闲谈，而被当成追求禅的境界的仪式。千利休曾说："小茶席的茶道，最重要的是秉持佛法，进德修业，以求悟道。"这里所指的佛法，主要是禅宗思想。以禅的境界为最高理念，茶会的氛围虽友好，但也很严肃。这种严肃的、郑重其事的氛围，甚至在客人一接到邀请时就已经开始。主人正式发出请帖后，陪客要先拜会主客以示感激，主客再代表全体客人登门郑重向主人致谢。然后在进行茶事的过程中，一切都需郑重其事。草庵茶室的壁完中都要挂一幅字，多数为前代高僧所写，客人在喝茶前必须先欣赏这幅字，意并不在鉴赏它的美观精致而是要体现出自己的艺术修养，这样才能不负主人的盛情。而主人在茶事中从打扫庭园、布置茶室到点茶、敬茶，事无巨细，一切都要烘托出茶道所追求的清幽的意境，使客人与自己在品茶赏鉴的过程中心灵升华到纯净的佛国。

真正的茶人对于茶道精神的追求不仅体现在茶事的过程中，也要求自己在日常生活中不断地自我磨炼，以至圆熟。茶人将茶道精神视为人生的信仰，甚至甘愿为之牺牲性命。草庵茶道的宗师千利休就是因其所秉持的鄙薄功利、向往和谐平等的茶道精神与武家统治相左，而被当时的将军丰臣秀吉赐死，在切腹前，千利休吟咏了这样一首诗："人生七十，力围希咄，吾这宝剑，祖佛共杀。"大意为抛弃有限的生命，而追求佛国的永生。可见，其已将茶道视为人生最高的追求，比生命更为可贵的、更值得坚守的信仰。

在草庵茶道中体现的对精神信仰的依赖，也反映在日本民族的其他领域中。古代日本武士为了训练意志，在饿了几天后，仍然要口叼牙签、面带微笑地装出若无其事。在过去日本还流行冷水浴，认为在寒冷的冬季用冷水洗澡可以锻炼意志，人们可从中获得医治疾病的能力。草庵茶道中表现的虔诚的精神诉求与日本文化中重精神而轻物质的性格相一致。草庵茶道的根本目的，在于通过这样一种仪式而达到禅所追求的精神境界，茶不过是这种精神诉求的载体。在与中国茶文化的对比中，更能反映这个事实。

茶在中国，无论民间还是文人都是以实用性为根基的，即使文人茶道，其根本出发点也是茶，物质的形式在中国茶文化中是基础的、也是重要的。

然而草庵茶道却将茶抽象化为一种精神的象征，草庵茶道也成为日本民族追求精神力量的"宗教的仪节"。

第二节　茶道与日本建筑文化

一、茶道建筑概述

（一）茶道建筑的定义与组成

茶道建筑是供茶人举行茶事的场所，主要由茶室与露地两部分组成。其中，茶室是"前座""后座"进行的场所；露地是"中立"进行的场所。茶室建筑可以是独立的也可以与茶人的宅邸相连，主要由茶席和水屋（茶室的厨房）两部分组成；露地是进入茶室前的庭院。由垣摒、露地门、腰褂、蹲踞、雪隐、步石、石灯笼、尘穴和植栽等景观元素构成。

（二）茶道建筑美学

茶道建筑美学源自茶道美学，即"侘"。"侘"是以对美的否定为前提的，是在否定了世俗的普通意义的美之后而产生的无一物的美。从结果和现象来解释，"侘"是对以下事物的否定：富贵、华丽、优美、豪华、复杂、琐屑、纤细、均匀、明澄、典雅、崇高。可以用以下词汇来表示"侘"的概念：贫困、朴质、谨慎、节制、枯萎、老朽、古色、寂寞、稚拙、简朴、野趣、自然。

"侘"的内核是禅。禅的"本来无一物"的思想使"侘"否定了一切现有的美的形式，与此同时，禅的"无一物中无尽藏"的思想，使得"侘"获得了创造各种美的可能性。具体而言，茶道建筑的美学有如下几个特点：

1. 不对称

"不对称"是相对于"对称"而言的。茶室建筑构图灵活，变化多样。露地的布局自由、随意。

2. 简朴

"简朴"是对"精巧""绚丽"的否定。茶室建筑多为单色，颜色偏灰。茶室里的装饰一般都少而精。

3. 枯高

"枯高"可以解释为：遒劲、古老、阑珊。主要体现为茶室壁皇的柱子一般选用某个名寺拆下来的材料，茶室内的色调以朽叶为主，露地里的蹲踞多用古寺的基础石或旧桥墩做成，露地里常常种植姿态遒劲的松树等。

4. 自然

"自然"即不造作，顺其自然。茶室的茅草屋顶，竹质的吊顶，弯曲的中柱，露地中没扫的落叶，都是茶道建筑自然美的体现。

5. 幽深

"幽深"即不一览无余，藏一部分，让人回味。这一点特别体现在露地的景观设计与布局上。露地面积小，但是幽深，能令茶人流连忘返。

茶道建筑的这几个特点，不是一个个拼凑的，而是相互关联，具有同一属性的。它们都是由茶道的思想核心 ——"禅"派生出来的。

二、茶室

（一）茶室的组成

茶室是指用以举行茶事的房间，或指以举行茶事为主的建筑。按风格可以分成书院茶室和草庵风茶室。按照功能，一套完整的茶室建筑可分为："茶席""水屋"两个主要部分和"便所""胜手口"、"物入れ"等其他附属部分。

1. 茶席

茶席是茶人举行茶事的主要场所，茶人在茶席中点茶、饮茶、吃茶食、行各种茶礼，茶席是茶道建筑的核心。

茶席的组成包括：兼具礼仪性和装饰性的壁盒（床之间），一个主人出入口（茶道口），一个客人出入口（踏口）。铺在房间地板上的榻榻米分为客人坐的客人席，主人点茶的点茶席，放置点茶所用相关器具的道具席。点茶席有时候为台目席（即 3/4 张榻榻米）。客人席可以是一叠、两叠或是三叠，而且根据榻榻米的位置与不同的用途有各自的名称。地炉常位于点茶席之中或是在道具席与客人席之间。以上各构件可以组合成无数的茶室平面，每种平面都反映了茶人自己的风格。

茶席最常用面积为四叠半榻榻米，大于四叠半席的为店简，小于四叠半席的为小简。值得注意的是，半叠榻榻米通常置放于房间的正中。当地炉安置在该席位中时，这张榻榻米就叫炉席，其他的榻榻米围绕炉席，以首尾相接的排列方式放置。

在四叠半茶席中，床之间位于茶室的右后方，贵人席位于床之间的前方，在客人席的前方有一个需要膝行才能进入的洞口——踏口。茶席中还有一张临近茶道口的踏达席，茶席中的道具席与点茶席合而为一。这种榻榻米的布局，适用于使用地炉的秋冬两季。到了春季地炉被盖上，茶人使用风炉烧水点茶。茶席中贵人席与点茶席位置不变，但是贵人席前的客人席增加为两叠，踏达席缩小成半叠。

2. 水屋

水屋（也称腾手）是位于茶室旁边，主人用于准备茶事相关事宜的房间，相当于茶室建筑中的厨房。水屋的面积通常为两叠到四叠半榻榻米。

水屋中的常备设施有：各种式样的搁物架，一个橱柜，一个水池，一个盖有板篦或是竹篦的排水槽，用于挂衣物的挂钩，以及为客人准备茶食时烧水所用的炉子（有时候用大一点的方炉，有时候用小一点的圆炉）。准备茶事所需的一切物品都放在搁物架上和橱柜中，每件器物都有固定的摆放位置。水屋中的所有器物统称为水屋腾手。

水屋没有统一的尺寸，也没有固定的风格。水屋的尺寸和风格分别因年代和茶道派别不同而各异。鉴于茶道派别繁多，如千家流、远州流、不昧流、宗偏流等，只能大致归纳出水屋操作间相关尺寸的平均值：高 161 厘米，宽 145 厘米，深 55 厘米；墙根板高约 33 厘米，底层搁板高约 45 厘米，中搁板高约 61 厘米，方形搁板高约 79 厘米。

（二）茶室的构造

茶室结构是茶室的骨架和主体，在立面上大致可以分成三段，由下至上分别是：足许、轴部、屋根构架。

1. 足许

足许是指和风建筑整体结构中的下段。和风建筑的地板架空于地面，地板的支撑结构是由短柱（床束）和枕木（根太、大引）等相关构件组成。虽然茶室建筑的外墙着地，但是室内地板也架空于地面，地板的支撑结构是相同的。足许包括了地板以及地板以下的支撑结构。

2. 轴部

轴部是指建筑整体结构中位于足许和屋顶构架之间的部分，主要包括柱子、位于柱头的斗拱铺作层以及其他的一些拉结构件。草庵风茶室建筑没有斗拱铺作层，轴部主要由柱和柱间的拉结构件组成。

3. 屋顶构架

茶室建筑的屋顶构架取决于茶室建筑的屋顶类型。草庵风茶室的屋顶类型主要有两种：切妻屋顶和入母屋屋顶。切妻屋顶就是最为常见的人字坡屋顶，屋顶两端挑出山墙，相当于中国古建的悬山屋顶。入母屋屋顶可以分为上下两个部分：上部与切妻屋顶一样，为人字坡；下部为四坡屋顶，在山面也有出檐。入母屋屋顶相当于中国古建的歇山屋顶。

切妻屋顶和入母屋屋顶，从类型上划分都属于坡屋顶，这两种屋顶构架都有小屋组，即建筑正身部分的支撑屋顶的梁架结构单元。

草庵风茶室建筑的小屋组，是由小屋梁、妻梁、小屋束、筋违等组成。小屋梁，是小屋组最底部的横梁，架于前后轩桁之上，为屋顶梁架结构单元的下弦，在茶室建筑中，小屋梁常选用具有自然弯曲弧度的大树干；妻梁，是建筑山面的小屋组横梁，除了充当屋顶梁架结构的下弦外，还与轩桁构成屋顶构架的矩形圈梁；小屋束，即下脚落于横梁之上，上端支撑母屋桁的矮柱；筋违，即固定于小屋束的柱头之间的斜撑构件，在规模较小的草庵风茶室建筑中不常出现。

三、露地

（一）露地的定义

在日本茶道界，茶人称茶室外的庭院为"露地"。露地是进入茶室前通道，是俗世与茶室的过渡空间。露地中布置有各种景观，步石道路按一定路线，经腰褂待合、雪隐、蹲踞等景观构成元素最后到达茶室。

把露地称作露地源自千利休。据《南方录》记述"露地"一名取自佛经《法华经》："长者诸子，出三界火宅之外，坐露地之中。"意思是说，修行的菩萨行过三界的火宅来到露地，因露地为白色，又称"白露地"。茶道中的露地，不是供人欣赏的，而是修行的道场。历室町、桃山、江户，至明治、大正、昭和、平成各时期，已经发展成一种很成熟的景观风格。

（二）露地的总体布局

露地按照复杂程度分成一重露地、二重露地和三重露地。二重露地分外露地和内露地；三重露地分外露地、中露地和内露地。各层露地之间由一道用竹棍或干树枝扎成的垣摒隔断。露地的构成元素有：垣摒、露地门、腰褂、待合、蹲踞、雪隐、洗手钵、飞石、石灯笼、水井、尘穴、植物种植等。

露地是以裸露的飞石象征崎岖的山间石径，以地上的厚厚松针暗示森林茂盛，以蹲踞式的洗手钵象征圣洁的泉水，以石灯笼模仿古刹神社的萧穆清净。这一切都是为了追求茶道所讲究的"和、寂、清、静"以及日本茶道美学所追求的"侘"美。

（三）露地中的构筑物

1. 边界要素

（1）篱垣。篱垣即篱笆墙，露地中的篱垣是边界要素，它界定了每层露地的范围。篱垣分为干垣和生垣。干垣是用削斫晒干的竹、板、柴、灌木、苇竿等组成的围篱。

根据干垣的材质又可以分成竹垣、席垣、苇垣、柴垣、板条垣、树皮垣等。生垣与干垣相对，是指用竹子等正在生长的灌木编成的围篱。其中有一种是经过修剪整形的型篱，形式相当于现代公园中常用的绿篱。篱垣的作用在于围合与划分空间，同时也有障景和框景，对客人有一定的诱导作用。

（2）门。露地中的门有中门与中潜，与篱笆一样也是存在茶人意念之中，是将道场与俗世隔开的屏障。

中门一般设于内外露地之间，是主人迎接客人的地点。中门结构比较轻巧，结构逻辑类似于中国古建中独立柱垣梁式垂花门，即在两门柱上架一切妻式屋顶的形式。柱子位于柱顶石之上或是基部埋于地下，屋顶一般是由茅草、树皮和竹竿组成，有时候采用木板做屋面。门扇一般是木板、竹席、竹棍等编成，基本没有防御作用。舞者小路千家的中门门顶为斗笠形，古朴而精巧，为一大名作。中门下有乘越石，中门外有客石，中门内有亭主石。在举行茶事时，主人将清水倒入内露地的石制洗手钵之后，就走到中门内侧的亭主石上迎接客人，客人们听到水声也急忙来到中门外侧，分别踏过客石和乘越石进入内露地。

中潜是中门的一种变体，是由隔断墙或篱垣组成的屏障，柱子基部埋于地下，屋顶结构与中门相似，都是切妻屋顶。在隔断墙上开有一个俯身屈膝才能进入的小门——踏口，踏口离地面约40厘米，在踏口内外均设有踏石，踏石稍高于其他步石，便于客人出入踏口。最具代表性的中潜是表千家不审庵。

2. 引导要素

（1）飞石。飞石是指大块的踏步石，一般为自然石；役石是露地中引导客人行进和突出主要景物的标识石；露地中有些石头既是飞石又是役石。

露地中的飞石是构成露地的重要景观要素，一块一块的飞石连接起来形成飞石路，飞石路是露地景观的一大特色，千利休就曾经提出过以飞石为本位的露地设计主张；另一种路是由大面积的铺石组成，这种路在面积较小的草庵露地中使用较少，在一些等级较高、面积较大的露地中使用得比较多。

飞石路的石材一般选用山里不加切割的自然石，要将比较平的一面露在上面，以便行走。根据露地的布局、风格不同，飞石的摆设有真、行、草三个级别。飞石的摆置既要实用又要有美感，千利休将此归纳为："六分实用，四分景观"。飞石路一般是弯曲的，飞石的分布也是多变的。最基本的形式是由一些形状不一的飞石沿某一方向连成的直连。此外，由两块石头连成的直线不规则地拼在一起的二连以及用同样方法设计的三连、四连、二三连、三四连、雁连、千鸟连等。这些石头的摆置既要美观，又要方便客人行走。飞石在设计时依据的标准步幅为30~60厘米之间，千利休式飞石高出地面约6厘米，织部式飞石高出地面约5厘米，远州式飞石高出地面约3厘米。越是草级的露地，石头越小，设计步幅越小，石面离地面也比较低。

一般说来，在外露地的接近中门处，大都有一块由碎石或石板等铺成的路。因为当主人出来迎接时，客人们要快速走到中门外侧向主人行礼，需要路面比较宽。铺石路主要的种类有：由小碎石铺成的散零路，由大小碎石铺成的散崩路，由石板块组成的切石路，由各种石片组成的冰纹路，由零星几个小石头镶在混合水泥地面上的群星路等。

（2）役石。在露地中，役石的作用都有明确细致的分工。例如，茶室踏口外的踏石、落石和乘石；蹲踞石组中用来放置热水桶的汤桶石，汤桶石对面放置蜡烛的手烛石，石制洗手钵前面供人站立的前石；位于三岔口或十字路口处的面积较大的飞石，即踏分石；设置在露地腰褂贵人席前的贵人石，供客人站立听钟鸣声的钟闻石；设在中门外的客石，设置在中门内的亭主石，设置在客石与亭主石之间的乘越石；为参见茶室庵名匾额的额见石，设置在茶室门外的挂刀石，设置在飞石分叉口上用藤扎结作为禁止通行标志的守关石等。

这些有特殊作用的石头在设置的地方，石头本身在形状、尺寸、高低等方面都有一定的规定。在举行茶事时，客人在露地中的行动是无人引导的，并且，客人之间也不能大声说话，基本是无言的。各种形状的石头、位置就起了暗中指示的作用。所以说，露地的役石是会说话的石头。

3. 节点要素

（1）腰褂待合。腰褂是指露地中供客人休息的坐凳。待合，也叫寄付，是露地中用于等待的建筑，往往与腰褂结合成为"腰褂待合"，即供客人休息的带坐凳的建筑。通常内外露地各有一个腰褂待合，但在一些面积较小的露地中只有内露地设有。腰褂待合一般为招色屋根（双面不等坡屋顶），正面开敞，其余三面围合的小型建筑，在面朝内露地的一面开有念洞，客人透过意可以观赏到内露地的景观。建筑材料多选用茅草、原木、竹竿、石膏灰泥等，在建筑内的墙根部分贴有揍纸（揍纸一般贴于室内墙面，用于防止墙面弄脏衣服）。腰褂待合中所设的座位分两种，即贵人座和陪客座。

举行茶事时贵人座用榻榻米铺，而陪客的座位是由木板铺成的。贵人座的脚下放有单独的一块石头，叫贵人石。陪客们的脚下放着一块长板石。按规定，贵人石要比陪客石略高出一点，略向前突出一点。即使在寒冷的冬天，客人们也要在腰褂待合中休息，这是固定的茶礼。露地中的腰褂待合一般都是独立的建筑，但是有时也会附属于其他建筑。例如，大德寺庭玉轩茶室的腰褂待合就是书院的一部分。

（2）雪隐。雪隐即露地内的厕所，可以分为砂雪隐和下腹雪隐两种。下腹雪隐是设置在外露地的实用性厕所，常与腰褂待合邻近。砂雪隐是设置在内露地中只供观赏不供使用的厕所，也称为"饰厕"。

砂雪隐的柱子埋入半地下，屋顶多为单坡（片屋根），还有一个小尘穴，即垃圾坑，下铺白沙粒。露地中的石头都是山石，唯独饰厕里用的石头是川石，象征清洁无垢。

第三节　茶道与日本审美文化

一、日本茶道的艺术美

日本茶道世代相传，数百年长盛不衰。它与花道、俳句、水墨画、庭园艺术等，都无不受到禅文化的渗润，形成以"空寂"与"闲寂"为核心的日本传统美学思想，从古至今深刻地影响着日本人的文化生活。在日本，茶道组织遍及全国，研习茶道的人有四五百万人之多。

站在外国文化的旁观者的角度，浅显地看来，日本茶道也许不过是多人共聚于一斗室、共饮一碗浓茶、再分三次各自饮一碗淡茶（粉末状绿茶）的枯燥过程而已。在此过程中，人们的交流内容不过是象征性地赞赏一下茶、茶具、茶室主人。这种活动看来完全是一种陈腐的日本传统习俗。但事实上则不然。日本茶道其实是在"日常茶饭事"的基础上发展起来的。她通过烧水、点茶、饮茶的一整套过程，增进社交，养心修德，学习礼仪的一种独特文化活动。除了茶这一主题之外，日本茶道还涉及花道、书道、香道、建筑、园艺、陶器、漆器、竹器、烹饪、礼仪等诸多方面的繁复内容。

客人与主人之间，对相互之间每一个动作的含义的心领神会、对每一件器物乃至环境的中肯评价和赏析，都是建立在与这些内容有关的深奥的知识基础上的，而绝非客套或虚伪。只有具有极高鉴赏水平的客人才能真正体会到所参加的茶会的不凡细节，只有具有极高修为的主人、茶师，才能得到客人由衷的赞叹与认同。

而主客双方，也就是茶事的所有参与者能够达到这种境界，就在于茶道文化魅力对他们的吸引以及他们对于茶道精髓的不懈追求。在日本的学术界，关于茶道的定义则更为深刻。知名学者熊仓功夫先生从时间延续性的观点出发，将茶道定义为一种具有时效性的室内艺能。也就是说茶道不同于花道、书道等其他日本传统艺术，她的艺术价值只能在她于室内进行的过程中得以具体表现。而一旦离开这个场所，或活动本身结束，未曾参与该次茶事的人们就无从切身体会到她的魅力。相比而言，其他的日本传统艺术往往是通过可延续的艺术成果来使更多的人，甚至是并未参与到该项文化活动中的人也能够感受其中的奥妙。因此我们发现，茶道文化的魅力具有非同寻常的"自赏"特性。

另一位谷川彻三先生则从艺术的角度出发，将茶道定义为："以身体的动作为媒体而演出的艺术。"他将茶道文化归纳为相互作用、相互依存的四个因素：艺术因素、社交因素、礼仪因素、修行因素。这四点又因场合不同而具有各自独立倾向。有时甚至可以使人完全忽略其他三项因素。比如在日本学习茶道的很大一部分人是家庭主妇，这样，人们就不免产生这样的印象，即"茶道之于主妇们不过是消遣的方式或交际的途径而已，哪里有什么心领修行可言"。于是，我们注意到茶道文化的魅力并不是一定的，而是根据实践者自身不同的情况而有所侧重的。这恰是如人饮水，冷暖自知。

由于茶道的内容不仅局限于外在表现形式的各种艺术方面内容，在内涵方面还具有其独特的一套哲学思想，因而不能将其简单地归为艺术活动一类。对于这种不同的观点，日本著名文化学者久松真一先生的观点获得了为数众多茶道研究者的认同。他从宗教的角度出发将茶道定义为："茶道文化是以吃茶活动为契机的综合文化体系。"他认为茶道文化体系具有极强的包容性和统一性，包含了宗教、道德、哲学等诸多方面的复杂内容。

二、日本茶道与缺憾美

作为一门综合艺术，草庵茶道还体现了日本民族对"美"的独特感受和认识。草庵茶道中所表现的是对不对称的美和缺憾美的认同。

草庵茶道在茶室的设计和室内摆设中体现了不对称的美。草庵茶道的标准茶室被规定为四叠半大小，即四张半榻榻米，到后来出现了更简单的三叠半、两叠半的茶室。与中国人以偶数为美的观念背道而驰的是，茶室面积的规定打破了数字上的整齐和平衡，构成了不对称的美。在茶室的布置中，花瓶里只插一枝花，壁龛里也只挂一幅字画。中国人一般认为成双成对代表吉祥，而日本民族恰恰对奇数有着特别的偏好。在文学上，和歌、俳句的格律和歌舞会的剧名都采用奇数；日常生活中，日本人送礼也喜送单数，这些恰恰表明了这种以不对称为美的心态不仅是茶道的专利，茶室的建筑风格同样体现了这种不对称。以茶室中窗户的设计为例，草庵茶道茶室中的窗户并不是整齐地排列着的，而是高高低低、错落有致，造成了一种版块拼图式的效果。在室内的设计中还有一种被称为"墙底窗"的窗户。在给茶室内部的固定架抹灰时，故意留下一块，形成一个矩形的镂空，就是"墙底窗"。这种设计来源于日本农家，并非茶人的首创。茶室的窗户从位置到造型都富于变化，除了便于采光外，也起到了独特的美学效果。

宫殿和寺院，为造成庄严肃穆的氛围，往往采用对称平直的建筑形式。而草庵茶道，在其茶室的风格上，也忌过于平直、对称。窗户设计的高低错落、曲尽变化也正适应了这种需要，使茶室的意境层出不穷。这样即使在较小的空间里人们也不会感到单调和乏味，反而可以在玩味不尽的意境中探寻幽深的禅的至妙之理，这种效果显然是对称的结构无法达到的。

草庵茶道对时间的限制中也体现了日本民族缺憾美的情趣，在被誉为日本茶道圣典的《南方录》中记载着千利休的一段话："空寂茶道（草庵茶道）的茶会，大抵上从开始到结束，整个过程不可以超过四个小时，在这样的空寂小茶室里，不能像一般的宴会一样作游兴式的请客方式，松散久坐，漫无限制。空寂茶室的主人不只点了浓茶而已，甚至连薄茶都已经招待完毕，到这个时候，究竟还要做些什么呢？所以客人应该结束长谈，早早回去了。"这段话表明草庵茶道并不以尽兴为乐事，而认为茶既已喝完，艺术品也欣赏过了，人们已经通过一整套仪式完成了由俗世进入佛国的心灵历程，那么即使主客之间还有留恋，也不应该在继续茶会了，这时主人起身立炭（客人临行前的添炭），立水（客人临行前在茶庭中洒水），不仅恰到好处地表达了主客间的深情，又使茶会在最良好的状态下戛然而止。草庵茶道体现的这种缺憾美的意识，也为日本人所普遍认同。

本民族对樱花的偏好即是最好的证明。樱花盛开时漫山遍野、绚烂无比，然而辉煌过后旋即凋落。这种生命状态在日本民族的观念中有着最高的审美价值。在日本人的心目中，生命正是在辉煌的瞬间达到了美的极致，再延续下去反而会破坏这种美。

美的感觉正是在生命陨落的遗憾中得到永存。吉田兼好在《长生》中写道："在不能长住的世间活到老丑，有什么意思？'寿则多辱'，即使长命，在四十岁以内死了也最为得体。"这些话虽不免语出极端，但其中折射出的审美意识确为日本民族所共有。而这种独特的缺憾美的意识在作为源头的中国茶文化中却是不存在的。中国民间茶俗以茶为聘礼，取其"不移"之意，祈愿的是婚姻的长久和美满。而在文人茶艺中，对茶的品质更是有极近完备的追求。

陆羽在《茶经》中指出"茶有九难"，只要其中一难无法克服，就不能称得上是好茶。在以后文人的茶论中对茶叶采摘、制造、用水等都有详细的规定，其目的也都在于得到一杯色香味俱臻佳境的茶汤。可见，中国茶文化中渗透出的是对生命美满的渴望。

日本茶道中所体现的美学思想，正如日本著名艺术评论家冈仓天心所讲"基本上是一种对不完美的崇拜"，而"禅的哲学的动力本质强调寻求完美的过程超过强调完美本身。真正的美通过在精神上完美那些不完美的事物才能得到。"茶室在建筑风格和室内设计上的不对称以及造成情感留有遗憾的仪式都意在引导人们在想象中求得完善，在这一点上日本文化固有的审美情趣与禅宗美学相契合了。

第四节　茶道与日本花道文化

插花艺术在日本被称为花道，与香道、书道、歌道、茶道等文化并驾齐驱，是日本文化中很重要的一部分。花道是插花的升华，是插花艺术的最高境界。在日本，插花已经升华为"道"，即指导个人修养的一种途径。花道如今已经成为日本人民生活中不可缺少的部分。

一、花道的起源 —— 中国唐朝

花道起源于中国古代的佛教活动。唐宋时代，中国有向佛祖"供奉鲜花"的习俗，后来这一习俗和佛教一起传入日本，这就是原始的花道。在日本现存最古老的史书《古事记》中有当时供花的记载，花枝要向着天空摆放，以表示诚与信。花道，是遵从于来自人类哲学的自然观与世界观而营造出来的带有人为性质的花。日本的花道艺术是人与花的对话，同时也是与人自身心灵的对话。花道已成为日本妇女品德、技艺修养的一项必修内容。

每年有几百万女性学习插花艺术，插花爱好者多达日本总人口的四分之一，现在花道已成为日本文化中不可或缺的重要组成部分。

日本在奈良时代便有了在佛像前供奉鲜花的习惯，到了平安时代，用鲜花装点房间已经十分普遍。原本用"插花"来表达，到了镰仓时代，"立之花"的说法开始增多，这反映了人们通过创造，赋予花以含义，渐渐构成了艺术性的构成理论。室町时代后期出现"立花"，"花道"则始于江户时代，在当时与歌道、香道并列。花道包含"立花""抛入花"等所有的插花形式，宽泛的说法称为"插花"，而在强调严肃的专业性时，则称为"花道"。

花道自产生以来，根据日本人自身的喜好、欣赏的角度和四季花学的不同等因素，产生了许多流派。其中，15世纪立花名家池坊专庆创造的池坊立花十分有名。1162年，池坊专庆应邀为武将佐佐木高秀插花。一枝鲜花插入金瓶内，顿时满屋生辉，绚丽无比。因此，专庆的池坊插花术在立花界获得很高的声誉，池坊也成了花道的代名词。除池坊外，还有诞生于江户末期的"未生流"、明治末期的"小原流"及昭和初期出现的"草月流"等流派。

二、日本花道文化的内涵

（一）花道与僧侣

日本平安时代（796年），净土信仰与供花同时流行起来，这时已经开始将鲜花插在盛满水的容器里。贵族的宅邸经常举行赛花游戏，并随着花草赠答的发展，开始将花草插入瓶中观赏。古代日本上流贵族在接受佛教信仰的同时，将供花插在盛满水的瓶、壶、皿等器皿里，然后供奉于佛前，这种佛前供花也得以普。在日本南北朝时代，僧侣们在板窗前放上桌子，然后在桌子上的瓶子里插上樱花观赏。作为日本僧侣的义务和工作，曾经存在过供献鲜花的礼法，这时就把与佛教缘分很深的花（莲花、芥草等）浇灌上水以后，供奉在佛前。也就是说，不只是把自然的花简单地横放或抛在那里，而是必须将自然的花真正插上，而且要有一种用意的花才是供花。这就说明了在自然的基础上，一定要有人的因素和作用。

在平安时代，作为佛生会的灌佛会，已经作为每年四月八日的民间节日而确立，在佛像前装饰供奉时节的鲜花。在稻作农事繁忙的四月七日、八日两天，专门挑选在上弦月出来的时候，人们登上山岳，采摘鲜花并回到村里，在农家房檐上或田埂上插上这些鲜花，以这种民间习惯为前提的佛教团体——佛生会就这样被确立。自古以来，日本人就认为山是死灵往赴的地方，山是冥土的世界。基于这种信仰而将祖先的魂灵迎接到山里，以祈祷子孙平安、果实丰熟，佛生会正是承袭了这种习俗。祖先的魂灵附着在鲜花上复苏之后，再来到村子里与其子孙相会，来共同看守他们的农事。平安时代至中世纪，每年三月中旬，人们在樱花树枝上附系上"奉物"，有很多男女一起登山。除了樱花以外，像三月三的桃花、五月五的菖蒲、七月盂兰盆会的莲花、九月九的菊花等，也都被选中作插花而供奉在佛前。这一时期的日本人已经有了以该季节的花草树本为道具而进行各种节日活动的想法，所以可以说，佛前供花传统孕育了中世纪的日本花道。

僧侣们在吃斋念佛的日子里便与花更结下了不解之缘，而日本立花的创作者们主要就是寺院的僧侣，例如，花道之家的池坊家族的历代宗匠就都曾经是僧侣。所以，插花在其早期的发展过程中便与佛缘相结。第一代池坊专好于庆长四年（1599 年）主持了日本第一次大花展，即大云院百瓶花会，称为"百瓶花"，而且将参加此次花会的 100 名弟子的名字亲手写成了一卷《百瓶花清众》。由于参加此次花会可以使人万古流芳，所以无论是有才能的还是没有才能的弟子，都想参加这次大花会。大云院寺的僧侣们也正是通过花来与花道宗师专好相结交的。

大云院寺的僧侣们平常就总是给大云院本尊阿弥陀佛献花。斋号为"笑云"的第一代池坊专好认为："真实的微笑，只有鲜花才有。"禅宗有云："捻（拈）花微笑。"据说，从前释迦牟尼曾经捻花给众人看，但是在八万大众里，只有摩诃迦叶一人以心传心地理解了释迦牟尼的用意，因而只有摩诃迦叶一人的面庞上露出了微笑。于是，释迦牟尼便向摩诃迦叶传授了佛教的真理。所以，日本学者藏中西诺布女士认为："所谓笑云斋第一代池坊专好的'笑'字，就是通过插花悟求佛教真理，从而微笑。而插花这一行为是与佛道相通的。"

第二代专好是日本江户时期宽永年代的花道宗匠，是立花的集大成者，作为池坊家族的中兴之祖，是他奠定了日本插花艺术的基础，并与后水尾天皇等创造了日本宽永文化。日本元和（1615 年）年间，是第二代专好正式开始进行立花制作活动的时期，这一时期，他的立花图只传给曼殊院，也正是由于他在曼殊院插的花，使他找到了一条通往宫中的道路。宽永元年（1624 年）七夕，第二代专好初次进入皇宫，在后水尾天皇面前展示自己的插花艺术，参加此次花会的公卿只有两人，而在 6 年后就有 35 人来参加了。宽永六年，宫中立花会已经达到最高潮，在皇宫紫哀殿就经常举行立花会。当时以与热爱立花的后水尾天皇相遇为背景，第二代专好不断创造和丰富了被称作宽永立花的新样式；另外，使皇室公卿贵族逐渐入迷的插花，于宽永二十年，就逐渐在富裕起来的城市工商业者中得到普及。

至此，日本花道的历史也就从佛前供花经由书院花发展到了立花时代，也就是插花的历史从宗教性的供花转为艺术性的装饰花，从供神佛的花转变成供人赏的花。书院花作为装饰礼仪化的生活的一环，在室町（1338 年）这样一个尊重威仪与礼法的时代风潮中诞生。镰仓时代（1192 年）是宗教万能的时代，是神佛本位的时代。室町时代尤其是东山（1687 年）时代，是从以神佛为中心、宗教万能的时代，向以人为中心的人本主义转变的时代。桃山时代（1574 ～ 1594 年）是宗教权威开始走下坡路的时代，自此，文化领域摆脱了附属于宗教的地位。

（二）花道与妇女

在日本，女性真正接触插花还是从的艺伎那里开始的。因为当时的艺伎需要具有接待诸侯豪商等的教养，这就要求她们必须掌握广泛的艺能，如书画、徘谐、歌道、围棋、象棋、茶道和花道等，而且这些教养也是艺伎们自尊心的依托，培养了不只是金钱与权力所能驱使的艺伎气质。艺伎的出现，本来是从工商业者阶层的追求现实性的享乐中产生的。由于教养的原因，艺伎们反而成为一种有气概有美貌、志气的风流存在。江户时期的工商业者们，在艺伎所具有的风流姿色中寻求一种理想的女性形象。

日本吉原地区的名伎薄云就很擅长插花，《薄云图》这张画作中便描写了薄云正在插花的情形和姿态，这幅画是立花隆盛时期的作品，被认为是作于 1658～1672 年间。江户时代的《青楼美人合姿镜》这一绘画作品表明了插花在工商业者阶层传播开来之后，浮世绘也开始描写插花作品这一现象，绘画中的艺伎在专心致志地制作绘画作品。插花与艺伎都是工商业者们所追求的理想娱乐。

插花作为日本妇女的爱好，始自江户时代后期，在此之前插花几乎都是男性的爱好，而且在室町时代还主要是在男性当中处于上流社会的人才从事插花。18 世纪以后的日本到了化政时期，由于采取了定型的三角法式，从而插花的方式被固定下来。因此，一般民众学习起来也就方便多了，一直都是遵守三从四德的日本妇女也开始被鼓励学习插花，这不仅作为一般教养，同时还是作为婚前的必修艺事，从而扩大了女性的插花人数。

日本文政七年（1824 年），幕府开始管制净琉璃与插花会，禁止华美的游艺活动；但从反面上，根据禁止奢侈豪华的禁令，插花作为一种遵循儒教思想精神的艺事，更加被赋予了积极的意义。同时，插花与茶道、连歌以及俳谐都作为女性艺事而得到了政府及社会的认同，以至于在今天的日本，从事花道的师傅大多都是女性。

三、花道与茶道

（一）花道与茶人

在织田信长与丰臣秀吉完成统一天下霸业的时代，即安土桃山时代，武野绍鸥与千利休都追求一种新型的草庵茶道。正是这种以禅为基调的朴素而闲寂的草庵茶道，与丰臣秀吉所追求的富丽堂皇的茶道相反，也与当时创造壮观华丽的建筑与绘画的时代气氛相左，因而产生了不可调和的矛盾，这也给后来丰臣秀吉逼迫千利休剖腹自杀埋下了伏笔。有一次，丰臣秀吉要千利休用一枝梅花的花枝和一个扁平铁钵花器来插花，千利休当时不假思索地接过梅花枝，将梅花枝叶用力揉搓，于是梅花花瓣撒落在盛满清水的铁钵花器里，仿佛落花流水，然后又将揉搓过的梅花枝放在钵盂之上，给人一种横斜苍劲以及傲然不羁的感觉。这使得丰臣秀吉大为恼怒，或许他觉察出了千利休这样一位伟大的茶人对权贵的蔑视，正如眼前的梅花一样，一身傲骨。又由于丰臣秀吉的权势已定，也利用完了千利休这位曾经属于日本工商业者阶层的茶道权威的影响力，所以命令千利休剖腹自杀。

装饰以民间百姓住宅为模型而建造成的闲寂茶室的插花，还必须达到质朴的标准。据说武野绍鸥在下雪的冬日里，在花器中盛满清水，插了一种可以称之为无华之花的插花作品，说明了茶道插花的自由程度。因为在茶人看来，有雪花飞舞，这不是大自然或神佛赐予的活生生的"花"吗？所以，也就无须再插什么鲜花了。

实际上，在日本古典文艺思想里所表现的"花"不仅仅是美丽的花卉本身，也指花、枝、叶，具有了枝叶的花，才是完整意义上的花，这也是日本花道成立的前提。日本花道所追求的意境不一定完全在于鲜花本身，而在于它的形象给人们带来的丰富的想象和美感，比如，没能将任何东西装入的花器、只有盛水的却没有鲜花的花器、既盛有水又插有鲜花的花器等，似乎都应该算作意境深幽的花道作品。因此，可以想见日本茶人与插花的深刻关系以及对花道所做出的伟大贡献。

（二）茶道与花道的思想内涵——禅

日本茶道文化起源于中国，并在长期的发展中体现出了独特特色。其中，"禅茶一味"是日本茶道对中国茶文化进行学习与吸收的重要表现，这一思想提倡人们要朴实廉洁、和平共处，并希望通过饮茶陶冶人们的情操、引导人们追求淡泊幽静的境界，也正因为如此，日本茶道所强调的重点不在于对茶叶做出品鉴，而是在于通过饮茶领悟禅宗、提升自身修养。在日本茶道"禅茶一味"的发展过程中，村田珠光与千利休都发挥了重要的作用，其中，村田珠光将日本茶道精神概括为"谨敬清寂"，而千利休则对这种概括做出了一些改动，并提出了"和敬清寂"的茶道准则。这种简洁的概括具有丰富的内涵，提倡人们通过饮茶做出不断的反省和沟通，从而实现"和敬"，与此同时，饮茶需要有清静幽雅的环境和空灵静寂的意境，从而实现"清寂"；另外，"禅茶一味"强调茶味与禅味的相通，佛宗认为通过佛的前提是心神清净，而饮茶则是令人心情清净的有效途径。在饮茶的过程中，饮茶与坐禅相同，都是冷暖自知、禅道自悟，饮茶之人可以将自己与自然、山水融合起来并寻求精神开释的境界，这也与禅宗主旨具有相通性。由此可见，在日本茶道中，包含了参禅悟道的理念与功能，而茶道与禅的结合，也让日本茶道具备了更大的发展助力。

日本将本民族的插花艺术称为"花道"，是因为日本认为自身的插花艺术蕴含着深厚的哲理思想和高深的理论。虽然日本茶道具有不同的流派，并且不同流派所提倡的思想内涵和理论不同，但是这些思想内涵和理论呈现出了基本相同的特点，即将天、地、人视为一体的"三才论"。这种思想不仅体现在日本插花艺术的造型、意境当中，而且也体现在日本插花艺术所提倡的礼仪与仁义等方面。另外，日本花道强调"道意"，首先，日本花道所深入研究的不是植物以及花卉本身，而是利用植物与花卉对情感做出表达，因此，无论容器有怎样的材质、花卉属于什么种类，都可以运用到插花艺术当中，如在插花艺术中，一枝向日葵或者一枝白梅就可以塑造出返璞归真和优雅的氛围以及"静、雅、美、真、和"的禅宗意境。其次，在日本花道中，不同的花卉可以彰显出不同的精神，根据花卉的生态习性和形态特征，借助花卉所具有的象征性，利用比兴手法可以表达出与花卉特点、插花者思想紧密相关的神韵，从而将有限的花卉形象表达为深邃且丰富的文化之美与意境之美。例如百合的纯真、蔷薇的美丽、牡丹的华贵、樱花的自然气息等，都可以在合理运用的基础上，体现出雅俗共赏的魅力与独特的思想意蕴。

从日本茶道与花道的思想内涵来看，日本茶道与花道不仅强调带给人们良好的精神享受与视觉享受，而且都强调修身养性，二者的相通也让日本茶道与花道的融合成了自然而然的事情，因此，日本的茶道中的花道以及日本花道中的茶道，都成为各自体系中重要的组成部分，特别是日本茶道中的插花艺术，更是彰显出"禅茶一味"的文化内涵与气度。

（三）茶道与花道的用具 —— 简洁淡雅

从日本茶道用具来看，日本茶道用具与中国茶具体现出了明显的差异，这与日本茶道独特的发展历史有着紧密的关系。在古代日本所开展的唐物鉴定会逐渐发展为茶会，因此，早期的日本茶会并不是以饮茶为主体，而是以物品鉴赏为主要内容。随着日本茶道与本土文化的逐渐融合，日本茶道用具（即和式茶具）得到了推崇。从功能角度来划分，和式茶具包括香盒、炭斗、茶碗、茶刷、茶罐等。其中，日本茶碗相较于中国茶碗而言，呈现出了容积更深和茶底更大的特点。与此同时，日本茶人将对自然的热爱和尊重当作重要的茶道宗旨，因此，他们也擅长体验和体会不同茶具材质所具备的自然美感，并在和式茶碗的设计中呈现出自然脱俗与稚拙古朴的风格。在使用这些茶具进行品茶的过程中，精神享受带给茶人的愉悦以及饮茶带来的平和心态，是茶人所追求的重要内容。这种不求奢华、只求宁静的特点，也让日本茶道用具体现出了与西方茶具截然不同的风格特征。

日本花道崇尚"侘寂"美学，即在插花过程中强调自然之物的本质之美，尊重自然之物所具有的自然轨迹，保留自然之物所具有的痕迹，在不装饰、不掩饰的基础上体现出质朴美感。这种美学追求也同时体现在日本茶道、绘画以及建筑设计等多个领域。具体到花道方面，日本插花艺术中简洁的线条、淡雅的用材等，都是对这种美学崇拜的具体体现，而这种追求也能够让日本花道塑造出如诗如画的意境。从日本花道作品来看，日本插花中所用的花枝颜色一般不会超过三种，并且无论是花材还是用具，都具有清雅脱俗的特征，特别是在茶道的插花中，更是多选用山花野卉，并将这些花材以最为自然的方式摆放在容器当中。而在花器支架的选择上，则并不强调精美，而往往是使用古朴且不加点缀的粗陶等材质，这种材质在粗狂中彰显出质朴之美，并能够与自然花卉共同营造出"虽由人作，却宛如天成"的氛围与境界。

由此可见，无论是在日本茶道还是在日本花道中，用具的简洁淡雅都是十分明显的特点，这种特点的形成，不仅是因为日本茶道和日本花道的发展受到了中国传统文化的深刻影响，而且也是日本茶道和花道中"禅茶一味"思想和崇尚自然思想所带来的影响。相对于西方茶文化与插花艺术的发展而言，日本茶道和花道也凭借这种特点和风格，彰显出了东方审美所具有的倾向性，体现出东方社会大众对思想内涵和意境的追求。

（四）茶道与花道的融合 —— 茶屋谈花

日本茶道与花道在发展渊源与发展轨迹方面都体现出了明显的相似性，与此同时，日本茶道与花道在思想内涵和审美追求方面也体现出了一定的趋同性。基于此，二者作为日本文化中不可替代的重要内容，在发展中也出现了交叉与融合，其中，茶道中插花是日本花道中独特的形式，也具有独特的审美内涵。对于茶人而言，花道可以帮助他们塑造出更为良好的饮茶氛围与宁静致远的饮茶意境，因此，日本茶人一般都喜爱插花，并将插花作品放置在茶室的壁龛当中。为了避免其他物品影响插花作品所带来的氛围与意境，插花作品旁边一般不会放置其他东西，即便是同样作为重要艺术表现形式的画，也会对其协调性做出考虑。在茶道插花艺术的发展中，茶道插花逐渐形成严格的准则体系，如过于华丽的花卉不能放在茶室，在下雪天气不能使用白梅插花和装饰等，这些准则体现出茶人对饮茶活动、插花活动和整体环境协调性的重视，同时也是茶道插花作品能够塑造良好意境、打动人们心灵的重要基础。另外，与中国茶文化一样，日本茶道也十分强调礼仪，重视宾主之间融洽关系的营造，因此，无论是饮茶人的座次、泡茶，还是饮茶的过程，都有很多讲究，其中，炭礼法、浓茶礼和淡茶礼法是日本茶道礼仪中最为重要的组成部分，甚至根据宾主行鞠躬礼的弯腰程度，也将鞠躬礼分为了真、行、草三种。当日本花道融入日本茶道中之后，日本茶道所讲究的礼仪也自然对日本花道产生影响，如茶道弟子在进入茶室之后，需要先向花行礼，在与他人交谈时，许多优秀的插花作品也会出版成画册，用于花道启蒙教育。在茶会中，如果要对壁龛中的插花作品进行观赏，则需要严格遵从相关礼仪，即坐在与壁龛有一定距离的位置，在向插花作品行礼之后再赏花，仔细观赏插花作品所具有的结构、搭配和设计手法、容器之后，向主人行礼以示感激之情。如果要观赏插花作品，观赏对象并非传统形式的插花作品，则不需要过多的礼仪，但是如果这种观赏行为处于正式场合，则应当向插花艺术的作者行注目礼以示尊敬之后再开始观赏。

参考文献

[1] 魏霞 . 日本茶道及其文化内涵 [J]. 福建茶叶 ,2017,39(12):319.

[2] 朱仲海 . 中国茶道 [M]. 北京：北京联合出版公司 ,2016.

[3] 郭雪咏 . 日本茶道起源与发展中的禅文化因素分析 [J]. 福建茶叶 ,2017,39(11): 376-377.

[4] 崔娜 . 从茶道看日本文化中的审美内涵 [J]. 福建茶叶 ,2017,39(08):385-386.

[5] 刘艳霞 . 中国茶道 [M]. 合肥 : 黄山书社 ,2012.

[6] 汪洋 . 日本茶道与中国茶文化比较研究 [J]. 福建茶叶 ,2017,39(05):327-328.

[7] 郑姵萱 . 茶道 [M]. 北京 : 北京联合出版公司 ,2015.

[8] 李如丽 . 中国禅宗美学思想对日本茶道艺术的影响研究 [J]. 福建茶叶 ,2017, 39(04): 76-77.

[9] 周雪景 . 浅析日本茶道及其文化内涵 [J]. 福建茶叶 ,2017,39(03):306-307.

[10] 游衣明 , 孙璇 . 从日本红茶引进史看中国茶文化对日本茶道的影响 [J]. 日语教学 与日本研究 ,2016(00):36-43.

[11] 顾申主编 . 茶道 [M]. 青岛 : 青岛出版社 ,2012.

[12] 杨蕾 , 刘卫刚 . 日本茶道的精神文化 [J]. 跨语言文化研究 ,2016(01):187-195.

[13] 滕翼 . "茶文化" 的历史溯源与人际传播 [J]. 文化学刊 ,2016(02):56-57.

[14] 沈雯 . 从日本茶道看日本文化的独特性 [J]. 福建茶叶 ,2016,38(10):323-324.

[15] 葛建琦 . 探究日本茶道中的神道精神 [J]. 福建茶叶 ,2016,38(09):334-335.

[16] 刘永升 . 茶道 [M]. 北京 : 大众文艺出版社 ,2010.

[17] 图雅 . 探究日本文化中的茶道文化 [J]. 福建茶叶 ,2016,38(08):377-378.

[18] 李晓雪 . 中日茶文化之比较研究 [D]. 湖北工业大学硕士论文 ,2012.

[19] 唐益政 . 我国茶文化的德育功能探求 [J]. 福建茶叶 ,2016,38(08):284-285.

[20] 张艳.论中国茶道精神"和"的思想内涵及其现实意义 [J]. 福建茶叶 ,2016, 38(06): 370-371.

[21] 赵国栋.中国茶叶的传入与日本茶道的确立 [J]. 中国茶叶 ,2016,38(06):40-43.

[22] 童心.从草庵茶道看中国茶文化在日本的传播与发展 [J]. 福建茶叶 ,2016,38(05): 341-342.

[23] 卢仙阁.日本茶道文化内涵研究 [J]. 福建茶叶 ,2016,38(05):344-345.

[24] 李霞.浅析日本茶道的文化环境营造模式 [J]. 福建茶叶 ,2016,38(03):259-260.

[25] 郭崇.日本茶道及其文化内涵 [J]. 福建茶叶 ,2016,38(03):345-346.

[26] 吴玲 ,江静著.日本茶道文化 [M]. 上海 : 上海文艺出版社 ,2010.

[27] 吕模 ,张燕军.中日茶文化交流及其影响研究 [J].陕西教育 (高教),2016(02):9-10.

[28] 陈光.谈儒家思想与中国茶道精神 [J]. 福建茶叶 ,2016,38(01):201-202.

[29] 李萍.中国文化传统与茶道四境说 [J].北京科技大学学报 (社会科学 版),2015,31(05): 94-98.

[30] 刘茜.仪式观视域下的茶文化认同和传播 [D]. 山东大学 ,2015.

[31] 段丽.试论中国传统茶文化对日本茶室设计的影响 [J]. 创意设计源 ,2015(05): 64-68.

[32] 陈曦.论中国传统文化对日本茶道的影响 [J]. 郑州轻工业学院学报 (社会科学 版),2015,16(04):69-72.

[33] 纪鹏 ,吕汝泉.日本茶道中的美学内涵研究 [J].重庆科技学院学报 (社会科学版), 2015(04):85-86+113.

[34] 张进军.中英茶文化比较及对中国茶文化传播的启示 [J]. 世界农业 ,2014(08):175-176+196.

[35] 牟海涛."和、敬、清、寂"——日本茶道精神解析 [J].牡丹江教育学院学报 ,2014(06): 19-20.

[36] 谭振.中国茶文化的历史溯源与海外传播 [D]. 青岛理工大学硕士论文 ,2014.

[37] 谭芳.仪式观视角下的茶文化传播 [D]. 华中师范大学硕士论文 ,2014.

[38] 尹平.关于日本茶道的文化内涵研究 [J]. 现代妇女（下旬）,2014(03):202-203.

[39] 陈姗姗,卢永松.日本茶道的文化内涵 [J]. 湖北科技学院学报,2014,34(02):179-180.

[40] 韦立新,彭英.日本文化与道家文化渊源略考 [J]. 广东外语外贸大学学报,2013,24(06): 46-49+97.

[41] 游翠英.中日茶道的文化传承方式之比较 [J]. 武夷学院学报,2013,32(04):10-13.

[42]（日）安迪.一味千秋日本茶道的源与流 [M]. 北京：新华出版社.2015.

[43] 欧阳晗萌."茶文化"与人际传播研究 [D]. 成都理工大学硕士论文,2013.

[44] 李红.和敬清寂茶禅一味——论日本茶道 [J]. 河南大学学报 (社会科学版),2013,53(02):132-136.

[45] 张谦.从茶道用具看茶道 [D]. 山东大学硕士论文,2013.

[46] 尤聪.漫谈唐代茶文化的传播与发展 [J]. 今传媒,2013,21(01):129-130.

[47] 景庆虹.论中国茶文化海外传播 [J]. 国际新闻界,2012,34(12):69-75+100.

[48] 许利嘉,肖伟,刘勇,彭勇,何春年,肖培根.再论茶文化的起源、发展与功能定位 [J]. 中国现代中药,2012,14(10):68-70.

[49] 陈琳.日本茶道中的文化简析——从日本人传统审美意识和禅宗精神来看 [J]. 科技资讯,2012(29):210.

[50] 丁伟.浅谈日本茶道 [J]. 剑南文学 (经典教苑),2012(09):175.

[51] 周珂珂,钟小立.论日本茶道文化 [J]. 佳木斯教育学院学报,2012(09):441-442.

[52] 郜珊.日本茶文化中的茶道建筑 [D]. 湖北工业大学硕士论文,2012.

[53] 李喆.探讨日本茶道对日本文化的影响 [J]. 福建茶叶,2017,39(08):401-402.

[54] 张馨予.茶文化的弘扬与发展 [D]. 青岛大学硕士论文,2012.

[55] 冯芗.对日本茶道文化现象的研究 [J]. 日语学习与研究,2005(z1):80-82.

[56] 李晓雪.论日本茶道的起源、形成发展及其现状 [J]. 湖北广播电视大学学报,2012,32(03):77+75.

[57] 马嘉会.日本茶道：世代相传的和风精神 [N]. 北京商报,2012-01-20(C02).

[58] 柯慧俐 . 通过中日茶文化的对比看中国茶文化对日本茶道文化的影响 [J]. 文学界 (理论版),2011(08):212+226.

[59] 孙婷 , 高胜楠 . 浅谈茶道文化影响下的日本建筑 [J]. 美术教育研究 ,2011(05):172-173.

[60] 吴曦 . 浅谈中国茶道 [J]. 吉林教育 ,2011(04):44.

[61] 张建立 . 日本茶道浅析 [J]. 日本学刊 ,2004(5):91-103.

[62] 韩莹 . 现代茶文化及其功能分析 [J]. 考试周刊 ,2010(26):40-41.

[63] 毛执剑 . 从茶道看日本文化中的审美意识 [J]. 时代文学 (双月上半月),2010(01):210-211.

[64] 滕晓漪 . 日本茶道建筑研究 [D]. 北京林业大学博士论文 ,2009.

[65] 姜天喜 , 邓秀梅 , 吴铁 . 日本茶道文化精神 [J]. 理论导刊 ,2009(01):111-112.

[66] 赵化 . 草庵茶道与日本文化性格 [J]. 农业考古 ,2001(2):303.

[67] 杨曦 . 关于日本的茶道文化探析 [J]. 法制与社会 ,2008(14):247.

[68] 齐海娟 . 外来文化本土化的一个结晶 —— 日本茶道精神分析 [D]. 东北师范大学硕士论文 ,2008.

[69] 申亮 . 日本茶道中调和的精神 [J]. 西南民族大学学报 (人文社科版),2008,29(S1):108-111.

[70] 王朝阳 . 日本茶道文化传承的教育人类学研究 [D]. 中央民族大学博士论文 ,2008.

[71] 杨施悦 . 日本茶室建筑的文化内涵和审美价值 [J]. 合肥工业大学学报 (社会科学版),2008(01):152-156.

[72] 董继平 . 论日本茶道发展独特性及传承至今的原因 [J]. 首都外语论坛 ,2007(00):355-362.

[73] 佟君 . 日本茶道及其文化内涵 [J]. 日语学习与研究 ,2007(05):46-52.

[74] 沈雯 . 从日本茶道看日本文化的独特性 [J]. 福建茶叶 ,2016,38(10):323-324.

[75] 邹跃光 , 余玉荣 . 试论中国茶文化的德育功能 [J]. 农业考古 ,2006(6):203-205.

[76] 高博杰 . 论日本茶道文化与日本禅宗结合初探 [J]. 福建茶叶 ,2017,39(05):379-380.

[77] 马一木 . 论日本茶道与花道的关联 [J]. 福建茶叶 ,2017,39(11):338-339.

[78] 潘洁敏 . 日本茶道之"和"——"和"之思想在日本茶道中的体现 [J]. 文教资料 , 2011(29):96-98.

[79] 黄丹 . 从日本茶道文化看日本民族精神 [J]. 福建茶叶 ,2016,38(09):337-338.

[80] 吉峰 . 论中国茶文化传播的方式与渠道 [J]. 莆田学院学报 ,2013,20(03):75-79.

[81] 杨薇 . 日本茶道：精神美的追求 [J]. 农业考古 ,2012(2):290-297.

[82] 丁以寿 . 中国茶道 [M]. 合肥：安徽教育出版社 .2011.

[83] 程启坤 . 中国茶文化的历史与未来 [J]. 中国茶叶 ,2008,30(7):8-10.

[84] 张亚敏 , 邢媛媛 . 中日茶道的本质区别 [J]. 考试周刊 ,2010(31):45-46.

[85] 马一木 . 论日本茶道与花道的关联 [J]. 福建茶叶 ,2017(11):338-339.

[86] 佟君 . 日本花道及其文化内涵 [J]. 辽宁大学学报 (哲学社会科学版),2000(2):29-33.

[87] 刘玉婷 . 日本花道的古今文化 [J]. 现代园艺 ,2013(14):159-159.

[88] 胡玉娜 . 浅论日本花道 [J]. 大众文艺 ,2010(13):117-117.

[89] 董鹏 . 中国传统文化中的茶道文化之研究 [J]. 广东茶业 ,2016(01):35-40.

[90] 李萍 . 中国文化传统与茶道四境说 [J]. 北京科技大学学报 (社会科学版),2015,31(05): 94-98.

[91] 林治 . 中国茶道"四谛"[J]. 福建茶叶 ,1999(04):43-44.

[92] 陈姗姗 , 何帆好 . 浅析日本花道 [J]. 吉林省教育学院学报 (上旬),2014,30(10): 129-131.

[93] 柳圣 . 日本花道的传承研究 [D]. 宁波大学硕士论文 ,2014.

[94] 刘玉婷 . 日本花道的古今文化 [J]. 现代园艺 ,2013(14):159.

[95] 洪菲 . 日本花道文化传承与教育研究 [D]. 中央民族大学硕士论文 ,2009.

[96] 郝素岩 . 日本的茶道、花道与香道 [J]. 辽宁医学院学报 (社会科学版), 2007(04): 103-105.

[97] 游凌 . 浅谈日本花道的起源、发展 [J]. 三峡大学学报 (人文社会科学版),2007(S1): 138-139.

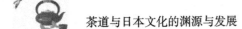

[98] 李志强, 秦华. 浅谈日本花道流派 —— 池坊流 [J]. 安徽农业科学, 2006(17): 4305-4306.

[99] 何鸣清. 佗寂之心 —— 日本金缮 [J]. 上海工艺美术, 2016(04):92-93.

[100] 黄盼. 古田织部对千利休茶道的继承与创新 [D]. 广西大学硕士论文, 2016.

[101] 刘翠. 对室町时代茶道中茶道具组合的考察 [D]. 北京外国语大学硕士论文, 2016.

[102] 张南揽. 茶事香云 —— 浅谈日本茶道中的用香 [A]. 大匠之门 8[C].2015:10.

[103] 紫玉. 日本茶道中的 "唐物名器" [J]. 收藏界, 2014(08):54-62.

[104] 蔡荷. 茶道中的哲学意味 [J]. 湖南医科大学学报(社会科学版),2010,12(04):36-39.

[105] 黄建娜. 草庵茶思想初探 [D]. 广东外语外贸大学硕士论文, 2009.

[106] 关杰. 禅宗对日本茶道美学的影响 [D]. 四川大学硕士论文, 2007.

[107] 洪帆. 茶道与禅 [D]. 华东师范大学硕士论文, 2007.

[108] 刘书云. 日本草庵茶与中国文人茶艺术精神之比较 [J]. 农业考古, 2006(05):249-255+269.